高等职业教育**计算机类专业**系列

（人 工 智 能 技 术 应 用 专 业 ）

U0670664

Python 程序设计

主　编　高祖彦　雷　琳　邓晓丽
副主编　段昌盛　向玉玲　柳　俊
　　　　文小华　李　建　王　强

重庆大学出版社

内容提要

本书以 PyCharm 为主要开发工具,采用理论与实践相结合的形式,系统介绍了 Python 的相关知识。本书共 15 章,分别为欢迎来到 Python 的世界、Python 快速入门、Python 流程控制、字符串、列表和元组、字典和集合、函数、文件、面向对象基础、面向对象高级、线程和进程、网络通信、Python 访问 MySQL 数据库、Python 实战案例——贪吃蛇、使用 Tornado 完成签到系统。本书的各章节均有视频教学资源,读者可以通过扫描二维码观看。每章后均有习题,以帮助读者更好地掌握各章知识点。

本书可作为高职高专计算机公共基础课教材,也可作为 Python 爱好者的入门教材。

图书在版编目(CIP)数据

Python 程序设计 / 高祖彦,雷琳,邓晓丽主编. --
重庆:重庆大学出版社,2024.2
高等职业教育人工智能技术应用专业系列教材
ISBN 978-7-5689-4348-2

Ⅰ.①P… Ⅱ.①高… ②雷… ③邓… Ⅲ.①软件工具—程序设计—高等职业教育—教材 Ⅳ.①TP311.561

中国国家版本馆 CIP 数据核字(2024)第 015561 号

Python 程序设计

主　编　高祖彦　雷　琳　邓晓丽
副主编　段昌盛　向玉玲　柳　俊　文小华　李　建　王　强
策划编辑:范　琪

责任编辑:付　勇　　版式设计:范　琪
责任校对:刘志刚　　责任印制:张　策

*

重庆大学出版社出版发行
出版人:陈晓阳
社址:重庆市沙坪坝区大学城西路 21 号
邮编:401331
电话:(023)88617190　88617185(中小学)
传真:(023)88617186　88617166
网址:http://www.cqup.com.cn
邮箱:fxk@ cqup.com.cn(营销中心)
全国新华书店经销
重庆升光电力印务有限公司印刷

*

开本:787mm×1092mm　1/16　印张:17　字数:427 千
2024 年 2 月第 1 版　　2024 年 2 月第 1 次印刷
印数:1—3 000
ISBN 978-7-5689-4348-2　定价:55.00 元

前　言

随着人工智能的飞速发展,AI时代的来临,作为最流行的人工智能语言之一的Python语言,越来越受到国家和社会的重视,Python不仅在人工智能领域大放异彩,还在Web开发、网络编程、自动化运维、游戏开发、金融等领域扮演着重要的角色。未来将会有大量的数据需要处理,而Python对数据的处理又有着得天独厚的优势,Python也是一门对入门者友好、功能强大、高效灵活的编程语言。无论是想进入数据分析、人工智能、网站开发这些领域,还是希望掌握一门编程语言,都可以用Python打开未来的无限可能。

Python是一门免费的、开源的、跨平台的高级动态编程语言,支持命令式编程、函数式编程,完全支持面向对象程序设计,拥有大量功能强大的内置对象、标准库和扩展库,并且拥有众多支持者,使得各领域的科研人员能够快速实现和验证自己的思路与创意。在有些编程语言中需要编写大量代码才能实现的功能,在Python中直接调用内置函数或标准库方法即可实现。Python用户只需要把主要精力放在业务逻辑的设计与实现上,便可在开发效率和运行效率间达到完美平衡,其精妙之处令人赞叹。

Python是一门快乐、优雅的语言。与C语言系列和Java等语言相比,Python大幅度降低了学习与使用的难度。Python易学易用,语法简洁清晰,代码可读性强,编程模式非常符合人类思维方式和习惯。经常浏览Python社区的优秀代码、Python标准库和扩展库文档甚至源代码,适当了解其内部工作原理,可以帮助读者编写出更加优雅的Python程序。

对于Python程序员来说,熟练运用扩展库可以快速实现业务逻辑,而对Python语言基础知识和基本数据结构的熟练掌握,则是理解和运用其他扩展库的必备条件。在实际开发中建议优先使用Python内置对象和标准库对象来实现预定功能。本书前10章使用大量篇幅介绍Python编程基础知识,并通过大量案例演示Python语言的精妙与强大。从第11章开始介绍线程和进程、网络通信、Python访问MySQL数据库。最后通过综合项目贪吃蛇和签到系统来进一步提高学生的编程能力,并且培养学生的代码优化与安全编程意识。全书共15章,主要内容如下。

第1章　欢迎来到Python的世界。介绍了Python的发展现状,开发优势,解释器以及集成开发环境——PyCharm基本使用。

第2章　Python快速入门。介绍了Python程序风格,注释,行与缩进,变量,输入与输出函数,多种数据类型的转换以及运算符的使用。

第3章　Python流程控制。介绍了Python选择结构,while循环,for循环,带else子句的循环结构,break和continue语句的运用,选择结构与循环结构的综合运用。

第4章　字符串。介绍了字符串编码格式,下标使用,切片操作,字符串的常用操作,如查找、判断、修改等。

第5章　列表和元组。介绍了列表常用的方法和基本操作,成员测试运算符,元组的基本操作与常用方法。

第6章　字典和集合。介绍了字典和集合基本操作与常用方法,以及公共方法和容器类型转换,并通过用户信息登录来强化字典的操作。

第7章　函数。介绍了函数的定义与使用,函数的参数和分类,变量的作用域,匿名函数和lambda函数的应用,以及通过学生信息管理系统的实例来强化函数的运用。

第8章　文件。介绍了文件的概念,文件的基本操作,文件对象方法,文件目录的常用操作以及路径的相关运用。

第9章　面向对象基础。介绍了面向对象程序技术的基本概念,类的定义和对象,类属性,类的方法和类成员的访问范围。

第10章　面向对象高级。介绍了面向对象的三大特性,类的封装,继承性和多态,并通过反恐精英实例来强化面向对象的综合运用。

第11章　线程和进程。介绍了多任务,多线程的基础知识,线程共享资源问题,进程和状态。

第12章　网络通信。介绍了网络通信,Socket的基础知识,TCP、UDP编程,完成多任务版UDP聊天器。

第13章　Python访问MySQL数据库。介绍了MySQL数据库及其相关概念,Connection对象、Cursor对象的运用,使用Python扩展库操作MySQL数据库,封装代码增删改查的运用。

第14章　Python实战案例——贪吃蛇。介绍了扩展库Pygame在计算机游戏编程中的应用,最终实现了经典游戏——贪吃蛇。

第15章　使用Tornado完成签到系统。介绍了Tornado,二维码生成技术,并使用Python的Tornado框架开发一个基于二维码的签到系统。

本书的特色是简洁明了,适用于文、理科各专业学生。本书深入浅出地介绍了Python语言的主要语法及编程的基本思想和方法,同时较详细地介绍Python的安装及使用,并通过多个综合应用,培养学生使用Python解决实际问题的能力。本书的各章节均有视频教学资源,读者可以扫描二维码观看。每章后均有习题,以帮助读者更好地掌握各章知识点。本书可作为高职高专计算机公共基础课教材,也可作为Python爱好者的入门教材。

本书由恩施职业技术学院高祖彦、武汉船舶职业技术学院雷琳、武汉商贸职业学院邓晓丽担任主编。具体分工为:第1、2章由恩施职业技术学院文小华编写;第3、4章由恩施职业技术学院段昌盛编写;第5、6章由恩施职业技术学院向玉玲编写;第7、8章由武汉商贸职业学院邓晓丽编写;第9、10章由武汉船舶职业技术学院雷琳编写;第11章由迎新信息技术(湖北)股份有限公司王强编写;第12章由湖北恩施学院李建编写;第13章由武汉船舶职业技术学院柳俊编写;第14、15章由恩施职业技术学院高祖彦编写。高祖彦、雷琳、邓晓丽对全书进行了布局编排和总体把关,对各章写作提供了主要思路和具体意见,李建、柳俊对全书进行了格式调整和统稿。在此一并向为本书出版付出辛勤劳动的朋友们表示衷心感谢!

最后,若读者对本书有任何意见或建议,请发送电子邮件至gzy0632@qq.com,以便在图书再版时完善。对此我们表示由衷的感谢!

由于编者水平有限,书中难免存在疏漏之处,敬请广大读者批评指正,以利改进和提高。

编　者

2023年10月

目　录

第1章

欢迎来到 Python 的世界

学习目标

知识目标

1. 了解 Python。
2. 了解 Python 的发展历程、特点和应用领域。
3. 理解和掌握 Python 程序的执行原理。

能力目标

1. 能独立完成 Python 的安装。
2. 会简单使用 PyCharm 新建 Python 文件。

素质目标

1. 具有较好的信息检索能力。
2. 具有良好的思考和分析问题的能力。

1.1　Python简介

Python是由荷兰国家数学与计算机科学研究中心的Guido van Rossum(吉多·范·罗苏姆)研发的。Guido于1982年获得阿姆斯特丹大学数学和计算机硕士学位,当时Guido在荷兰国家数学与计算机科学研究中心工作,主要是为ABC语言贡献代码,工作一段时间后,他发现现有的编程语言对非计算机专业的人十分不友好,于是在1989年底,他构思了一门致力于解决问题的编程语言,这就是Python最初的来源。

1.2　Python的发展现状

1991年,Python的第一个解释器诞生。它由C语言实现,而且受ABC语言的影响,因此其中很多语法来源于C语言和ABC语言。而Python 1.0版本真正发布于1994年1月,这个版本的主要新功能是lambda、map、filter和reduce。

Python 2.0版本是在2000年10月发布的,这个版本的主要新功能是内存管理和循环检测垃圾收集器以及对Unicode的支持,构成了现在Python语言框架的基础。之后在2004年,Python升级到2.4版本,同年最流行的Web框架Django诞生。之后Python陆续推出Python 2.5/2.6/2.7版本。截至目前,仍然有很多企业在使用Python 2.7版本。不过自2020年1月1日起,Python 2.x版本将不再得到支持。Python的核心开发人员将不再提供其错误修复版或安全更新。

目前,Python开发主流应用的是Python 3.x版本,但是Python 3和Python 2版本有很多代码并不兼容,因此建议大家如果要学习Python编程语言,可以直接从Python最新版本开始,本书将采用Python的3.10版本进行实例介绍。表1-1列出Python版本发展史。

表1-1　Python版本发展史

发布版本	源自	年份	所有者	GPL兼容
0.9.0至1.2	n/a	1991—1995	CWI	是
1.3至1.5.2	1.2	1995—1999	CNRI	是
1.6	1.5.2	2000	CNRI	否
2.0	1.6	2000	BeOpen.com	否
1.6.1	1.6	2001	CNRI	否
2.1	2.0+1.6.1	2001	PSF	否
2.0.1	2.0+1.6.1	2001	PSF	是
2.1.1	2.1+2.0.1	2001	PSF	是
2.1.2	2.1.1	2002	PSF	是
2.1.3	2.1.2	2002	PSF	是
2.2 至 3.0	2.1.1	2001至今	PSF	是
3.0及更高	2.6	2008至今		

由于Python语言的简洁性、易读性以及可扩展性,在国外用Python做科学计算的研究机构也日益增多,一些知名大学已经采用Python来教授程序设计课程。

Python已经成为最受欢迎的程序设计语言之一。自从2004年以后,Python的使用率呈线性增长。Python 2于2000年10月16日发布,稳定版本是Python 2.7。Python 3于2008年12月3日发布,不完全兼容Python 2。2011年1月,它被TIOBE编程语言排行榜评为2010年度语言。2023年4月TIOBE编程语言排行榜出炉,Python获得冠军(表1-2)。

表1-2　2023年4月TIOBE编程语言排行榜（前10）

排名	编程语言	占比/%	占比改变/%
1	Python	27.43	−0.80
2	Java	16.41	−1.70
3	JavaScript	9.57	+0.30
4	C#	6.90	−0.30
5	C/C++	6.65	−0.50
6	PHP	5.17	−0.50
7	R	4.22	−0.40
8	TypeScript	2.89	+0.50
9	Swift	2.31	+0.20
10	Objective−C	2.09	−0.10

1.3　Python的开发优势

(1)简单

Guido最初创建Python语言的出发点是便于学习。Python的语法非常优雅,没有像其他语言的大括号、分号等特殊符号,借助了一种极简主义的设计思想。比如,我们在阅读一个良好的Python程序时就感觉像是在读英语一样,但这个英语的要求非常严格。

(2)易学

Python入手非常快,学习曲线非常低,可以直接通过命令行交互环境来学习Python编程。Python最大的优点之一是具有伪代码的本质,它使人们在开发Python程序时,专注的是解决问题,而不是明白语言本身。在所见过的多种计算机语言中,它可以说是最易读、最容易编写,也是最容易理解的。

(3)免费、开源

Python是FLOSS(自由/开放源码软件)之一。简单地说,它的所有内容都是免费开源的,这意味着你不需要花一分钱就可以免费使用Python,可以自由地发布这个软件的拷贝,阅读它的源代码,对它做改动,把它的一部分用于新的自由软件中。

注意:FLOSS是基于一个团体分享知识的概念,得益于此,Python优秀的原因之一——它是由一群优秀的使用者们不断推进且发展着的。

(4)自动内存管理

如果你了解C语言、C++语言就会知道内存管理带来很大的麻烦,程序非常容易出现内存方面的漏洞。但是Python的内存管理是自动完成的,你只需专注程序本身。

(5)可移植性

由于是开源的,Python已被移植到众多平台上。这些平台包括Linux、Windows、iOS等,甚至还有PocketPC、Symbian以及Google基于Linux开发的Android平台。

(6)解释性

大多数计算机编程语言都是编译型的,在运行之前需要将源代码编译为操作系统可以执行的二进制格式,这样大型项目编译过程非常耗时,而Python语言写的程序是不需要编译成二进制代码,可以直接从源代码运行程序。在计算机内部,Python解释器把源代码转换成为字节码的中间形式,然后再把它翻译成计算机使用的机器语言并运行。事实上,由于不需要担心如何编译程序,如何确保连接转载正确的库等,这一切使得使用Python变得更加简单。由于只需要把Python程序拷贝到另外一台计算机上,它就可以工作了,这也使得Python程序更加易于移植。

(7)面向对象

Python既支持面向过程编程,又支持面向对象编程。在"面向过程"的语言中,程序是由过程或仅仅是可重用代码的函数构建起来的。在"面向对象"的语言中,程序是由数据和功能组合而成的对象构建起来的。与其他语言(如C++和Java)相比,Python以一种非常强大又简单的方式实现面向对象编程。

(8)可扩展性

Python除了使用Python本身编写外,还可以混合使用C语言、Java语言等编写。比如,需要一段关键代码运行得更快或者希望某些算法不公开,就可以把部分程序用C或C++语言编写,然后在Python程序中使用它们。

(9)丰富的库

Python本身具有丰富且强大的库,由于Python的开源特性,第三方库也非常多。Python标准库很庞大,可以帮助使用者处理各种工作,包括正则表达式、文档生成、单元测试、线程、数据库、网页浏览器、CGI、FTP、电子邮件、XML、HTML等。

1.4　Python解释器

1.4.1　解释器的作用

Python的解释器是一种可以执行Python代码的软件程序,即Python文件,交给机器可以执行的工具。

(1)编译型

编译型编程语言就是通过编译器将源代码编译成可执行文件,如图1-1所示。

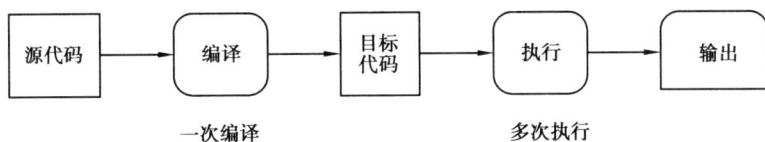

源代码 → 编译 → 目标代码 → 执行 → 输出

一次编译　　　　　　　　多次执行

图1-1 编译器编译过程

可执行文件可以在任何支持的平台上脱离编译环境运行。因为可执行程序就是机器码,所以其执行效率高。但是编译型编程语言一般是不能跨平台的,也就是说不能在不同的操作系统间任意切换,并且修改程序也非常不方便,只要修改了源代码,就需要重新编译生成新的可执行文件。C语言、C++语言就是典型的编译型编程语言。

(2)解释型

解释型编程语言就是通过解释器将源代码逐行解释成机器码,然后交由计算机执行,如图1-2所示。

源代码 → 解释器 → 输出

每次执行都需要解释

图1-2 解释器解释过程

解释型编程语言编写的程序离不开解释器,因为是边翻译边执行,所以相对效率不高,但是修改起来却非常方便,只要源代码修改了,下一次执行就是修改后的代码。解释型编程语言大都可以跨平台运行,这归功于解释器。Python、PHP就是典型的解释型编程语言。

编译型编程语言与解释型编程语言的区别见表1-3。

表1-3 编译型编程语言与解释型编程语言的区别

类型	原理	优点	缺点
编译型编程语言	通过专门的编译器,将所有源代码一次性转换成特定平台(Windows、Linux 等)执行的机器码(以可执行文件的形式存在)	一次编译,多次运行,脱离编译环境,并且运行效率高	可移植性差,不够灵活
解释型编程语言	由专门的解释器根据需要将部分源代码临时转换成特定平台的机器码	跨平台性好,通过不同的解释器,将相同的源代码解释成不同平台下的机器码	一边执行一边转换,效率不高

1.4.2　Python解释器种类

（1）CPython

之所以在Python前面加上一个"C"表示，就是因为它是用C语言编辑的一种解释器，当人们从Python的官网中下载一个Python 2版本的软件时，它就会默认得到一个官方版本的解释器，而这个解释器就是CPython，当人们在命令行中运行Python后，它会默认将这个官方版本的解释器打开。

（2）IPython

使用IPython解释器，在交互方式下会有所改进，但是在对Python执行时，和C语言编写的内置解释器的功能是一样的。

（3）PyPy

PyPy解释器与其他的解释器不一样，采用的是JIT技术，编译的是动态的Python代码，对Python代码的执行速度非常快。

（4）Jython

Jython解释器一般在Java平台中运行，它可以将Python的代码编译成一个Java字节码的形式执行。

（5）IronPython

IronPython与Jython的作者都是Jim Hugunin，与Jython类似，不同的是IronPython是运行在微软.NET平台上，Python解释编译为基于.NET的CLI的中间语言文件，在CLR上运行。

1.4.3　Python解释器的安装

（1）下载Python安装包

在Python的官方网站中，可以方便地下载Python的开发环境，具体下载步骤如下。

打开浏览器，在地址栏输入"https://www.python.org"，按下"Enter"键后进入Python官方网站，将鼠标移动到"Downloads"菜单上，如图1-3所示。单击"Windows"菜单项，进入详细的下载列表，如图1-4所示。

在如图1-4所示的详细下载列表中，列出了Python提供的各个版本的下载链接，可根据需求下载对应的版本。本节将以Windows系统的"Python 3.10.11"版为例来进行说明。

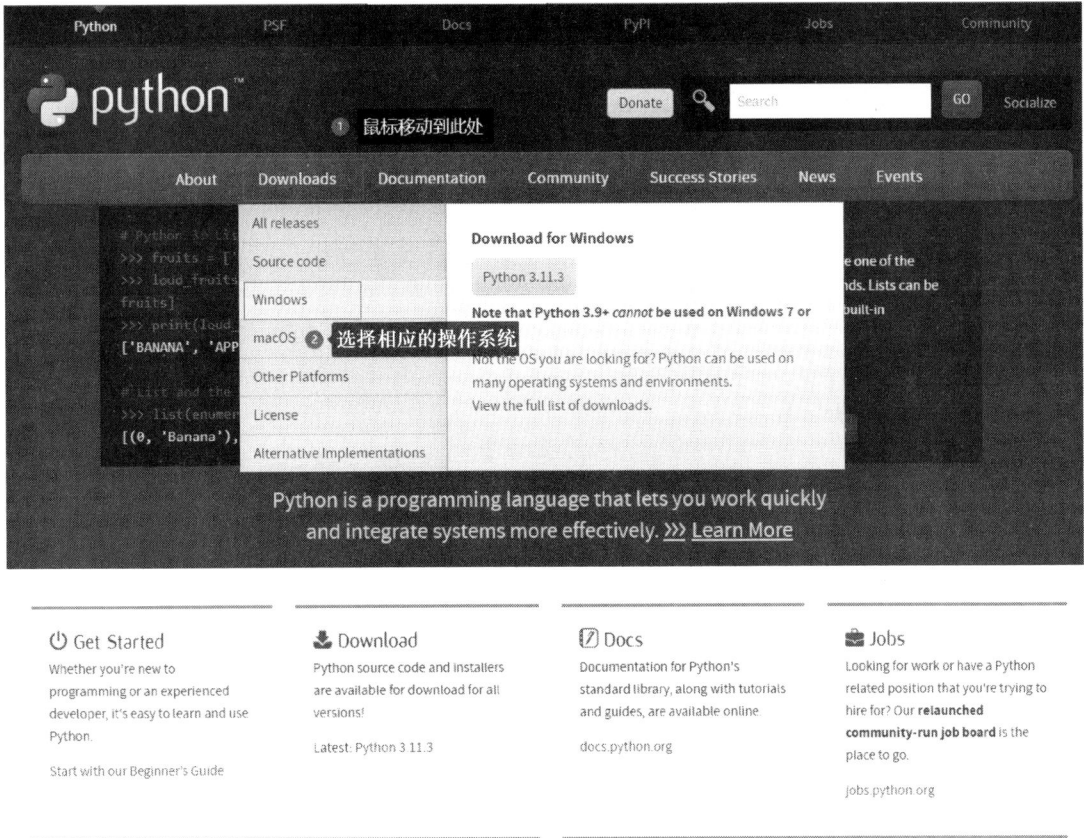

图 1-3　Python 官方网站首页

Python Releases for Windows

- Latest Python 3 Release - Python 3.11.3

Stable Releases

- Python 3.10.11 - April 5, 2023
  Note that Python 3.10.11 *cannot* be used on Windows 7 or earlier.

  - Download Windows embeddable package (32-bit)
  - Download Windows embeddable package (64-bit)
  - Download Windows help file
  - Download Windows installer (32 -bit)
  - Download Windows installer (64-bit)　❶ 下载版本3.10
- Python 3.11.3 - April 5, 2023
  Note that Python 3.11.3 *cannot* be used on Windows 7 or earlier.

Pre-releases

- Python 3.12.0a7 - April 4, 2023
  - Download Windows embeddable package (32-bit)
  - Download Windows embeddable package (64-bit)
  - Download Windows embeddable package (ARM64)
  - Download Windows installer (32 -bit)
  - Download Windows installer (64-bit)
  - Download Windows installer (ARM64)
- Python 3.12.0a6 - March 8, 2023
  - Download Windows embeddable package (32-bit)
  - Download Windows embeddable package (64-bit)

图 1-4　适合 Windows 系统的 Python 下载列表

（2）安装Python

双击下载后得到的安装文件"python-3.10.11-amd64.exe"，将显示安装向导对话框，选中"Add python.exe to PATH"复选框，让安装程序自动配置环境变量，如图1-5所示。

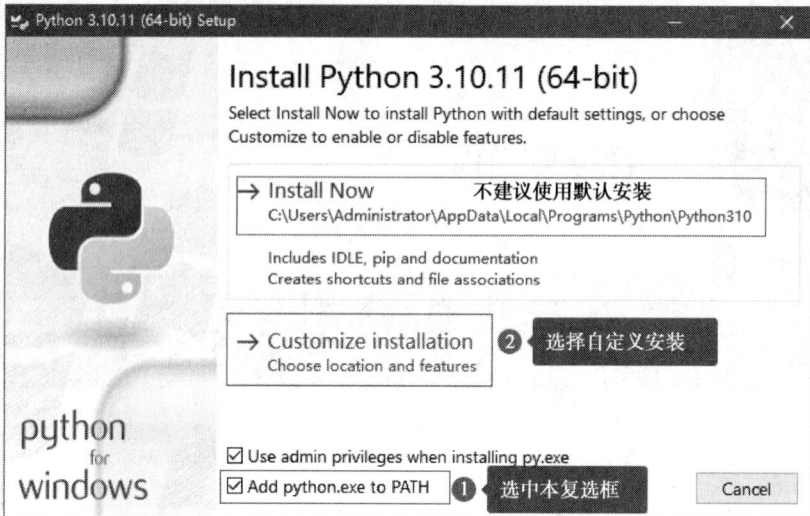

图1-5 Python安装向导

单击"Customize installation"按钮，进行自定义安装（自定义安装可以修改安装路径），在弹出的"安装选项"对话框中采用默认设置，如图1-6所示。

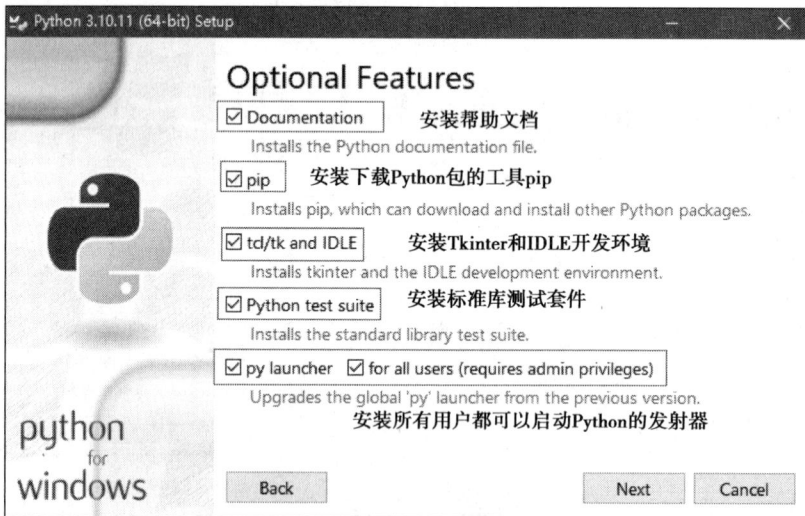

图1-6 设置"安装选项"对话框

单击"Next"按钮，将打开"Advanced Options"对话框，在该对话框中，设置安装路径为"D：\Python\Python310"（建议Python的安装路径不要放在操作系统的安装路径，否则一旦操作系统崩溃，在Python路径下编写的程序将非常危险），其他采用默认设置，如图1-7所示。

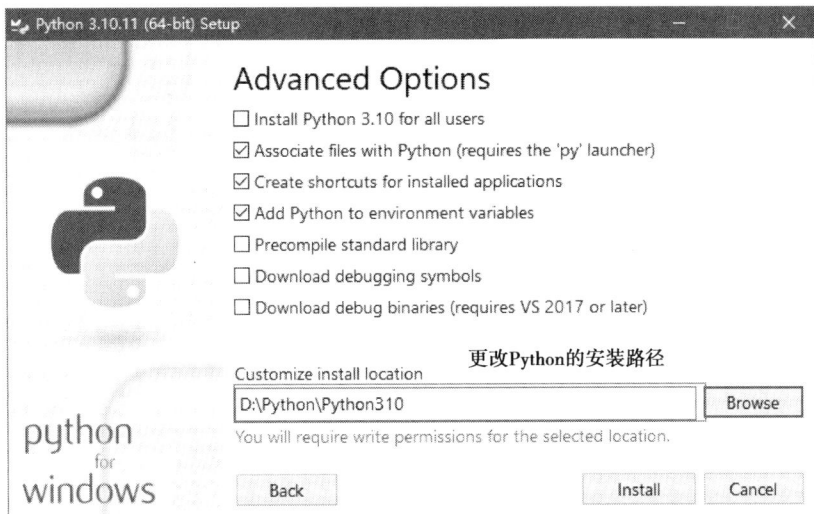

图1-7　"高级选项"对话框

单击"Install"按钮，开始安装Python，安装完成后将显示如图1-8所示的对话框。

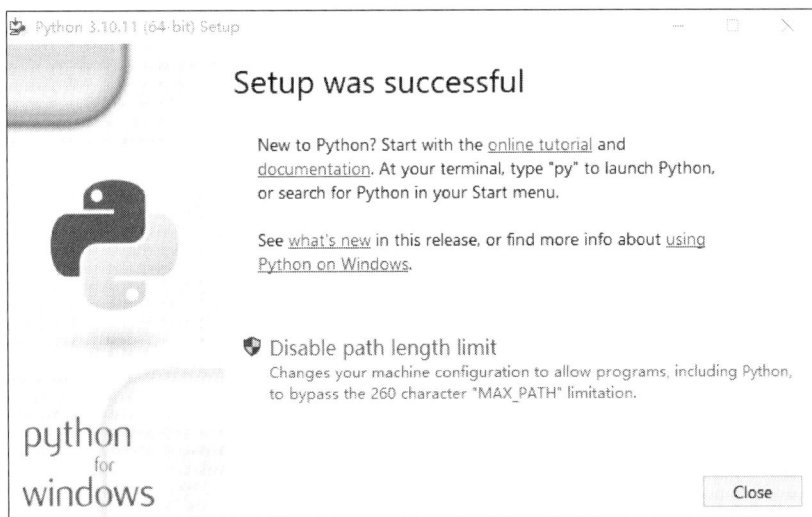

图1-8　"安装完成"对话框

（3）测试Python是否安装成功

Python安装成功后，需要检测Python是否成功安装。在Windows 10系统中检测Python是否成功安装，可以使用组合快捷键"Win+R"，打开运行窗口，在文本框中输入"cmd"命令，然后单击"确定"按钮，启动命令行窗口，在当前的命令提示符后面输入"python"，并且按"Enter"键，如果出现如图1-9所示的信息，则说明Python安装成功，同时也进入交互式Python解释器中。

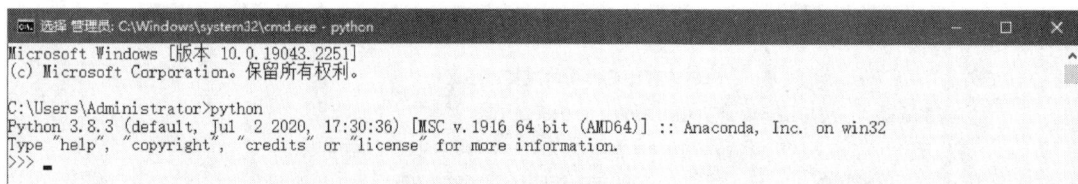

图1-9　在命令行窗口中运行的Python解释器

（4）使用IDLE编写第一个Python程序

在安装Python后，系统会自动安装一个IDLE(IDLE是一个Python自带的非常简洁的集成开发环境)。它是一个Python Shell(可以在打开的IDLE窗口的标题栏上看到)，程序开发人员可以利用Python Shell与Python交互。下面将详细介绍如何使用IDLE开发Python程序。可以在Windows 10的开始菜单横栏打开IDLE，如图1-10所示。

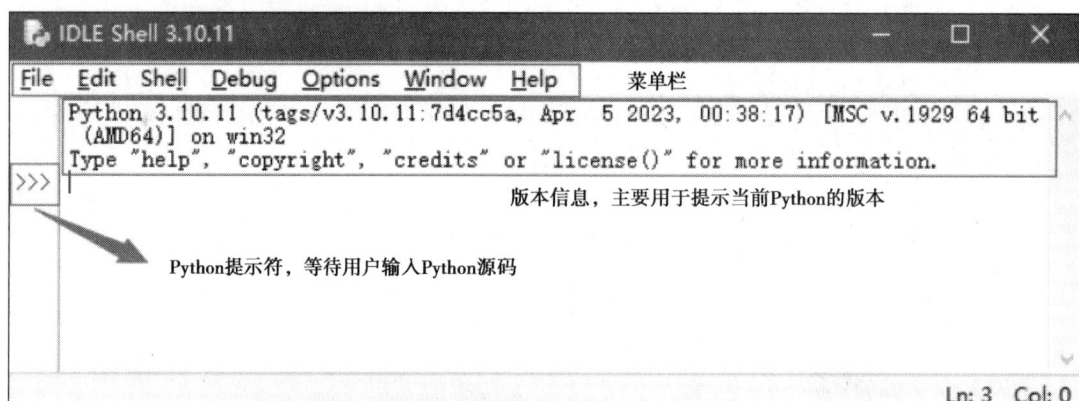

图1-10　IDLE主窗口

在实际开发时，通常不能只包含一行代码，如果需要编写多行代码，可以单独创建一个文件保存这些代码，在全部编写完毕后一起执行。

①在IDLE主窗口的菜单栏上，依次单击"File"→"New File"命令，打开一个新窗口，在该窗口中，可以直接编写Python代码，输入一行代码后按下"Enter"键，将自动换行，等待继续输入，如图1-11所示。

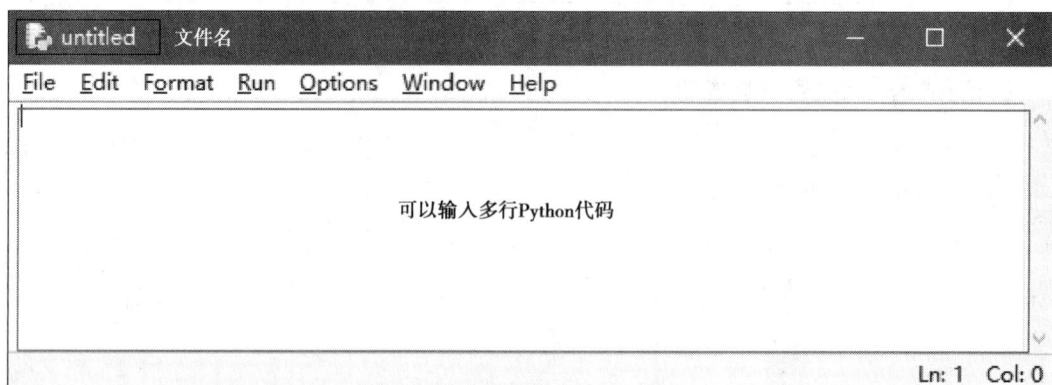

图1-11　新创建的Python文件窗口

②在代码编辑区中,编写"hello world"程序,代码如下:

```
print("hello world")
```

③编写完成的代码效果如图 1-12 所示。按下组合快捷键"Ctrl +S"保存文件,这里将其保存为"test.py",其中".py"是 Python 文件的扩展名。

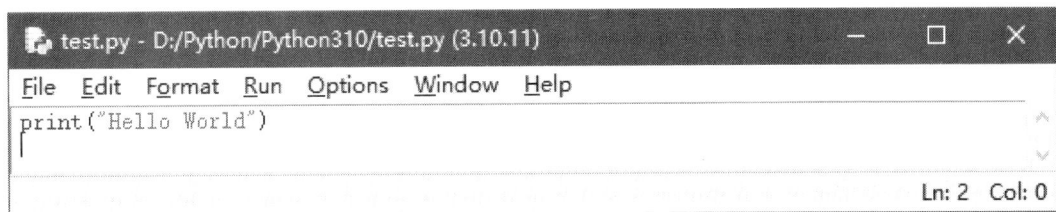

图 1-12　编辑代码后的 Python 文件窗口

④运行程序。在菜单栏中选择"Run"→"Run Module"菜单项(或按下"F5"键),运行效果如图 1-13 所示。

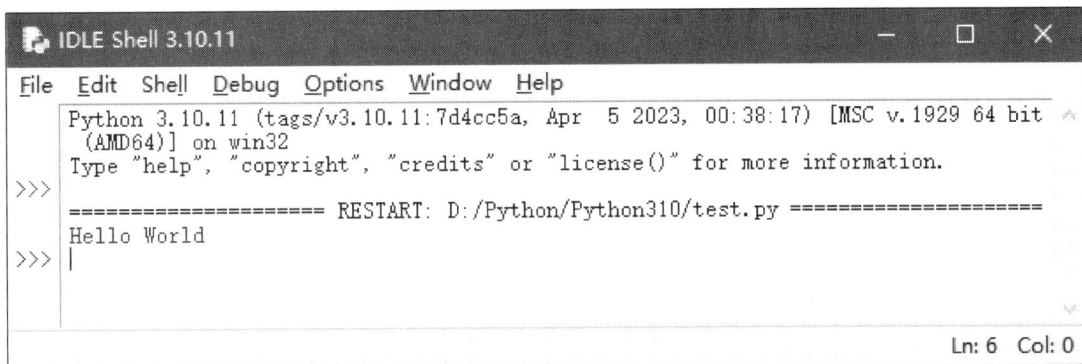

图 1-13　运行结果

1.5　集成开发环境——PyCharm 基本使用

1.5.1　PyCharm 的作用

PyCharm 是一种 Python IDE(集成开发环境),带有一整套可以帮助用户在使用 Python 语言开发时提高其效率的工具,比如调试、语法高亮、Project 管理、代码跳转、智能提示、自动完成、单元测试、版本控制等。此外,该 IDE 还提供了一些高级功能,以用于支持 Django 框架下的专业 Web 开发。

官网提供的 PyCharm 分为专业版(Professional)和社区版(Community)。

注意:专业版是收费的,功能更加全面,社区版是简洁版本,但它是免费的。一般来说,我们使用社区版就够了,除非需要用 Python 进行 Django 等 Web 开发,才需要用到专业版。

1.5.2　PyCharm下载和安装

（1）PyCharm下载

PyCharm的下载可以直接到JetBrains公司的官网下载，具体步骤如下。

①打开PyCharm官网，选择"Developer Tools"菜单下的"PyCharm"项，进入下载PyCharm界面，如图1-14所示。

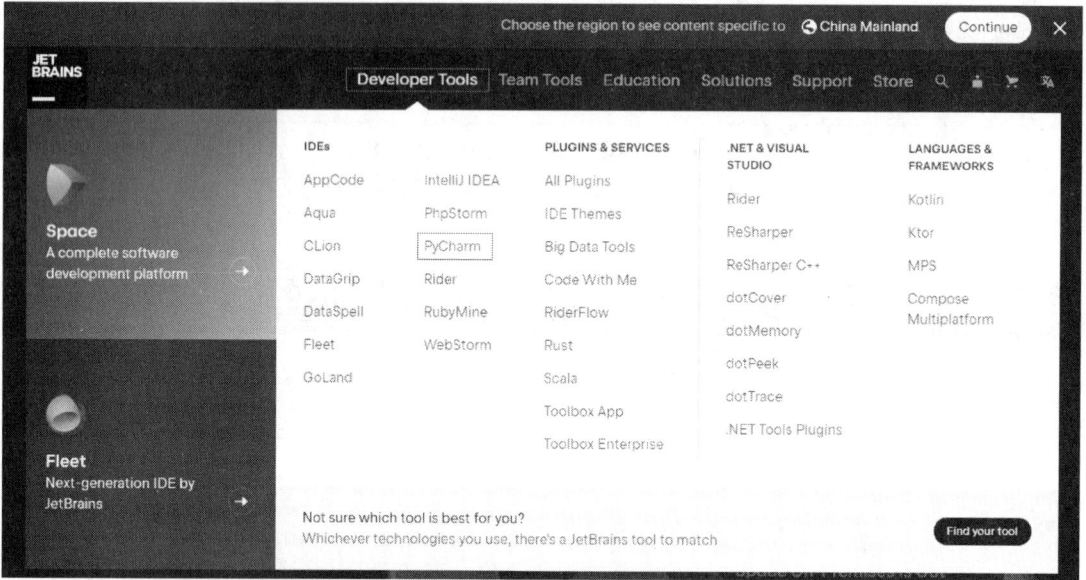

图1-14　PyCharm官网页面

②在PyCharm下载页面，单击"DOWNLOAD"按钮，如图1-15所示，进入PyCharm环境选择和版本选择界面。

图1-15　PyCharm下载页面

③选择下载 PyCharm 的操作系统平台为 Windows，单击下载社区版 PyCharm，如图 1-16 所示。

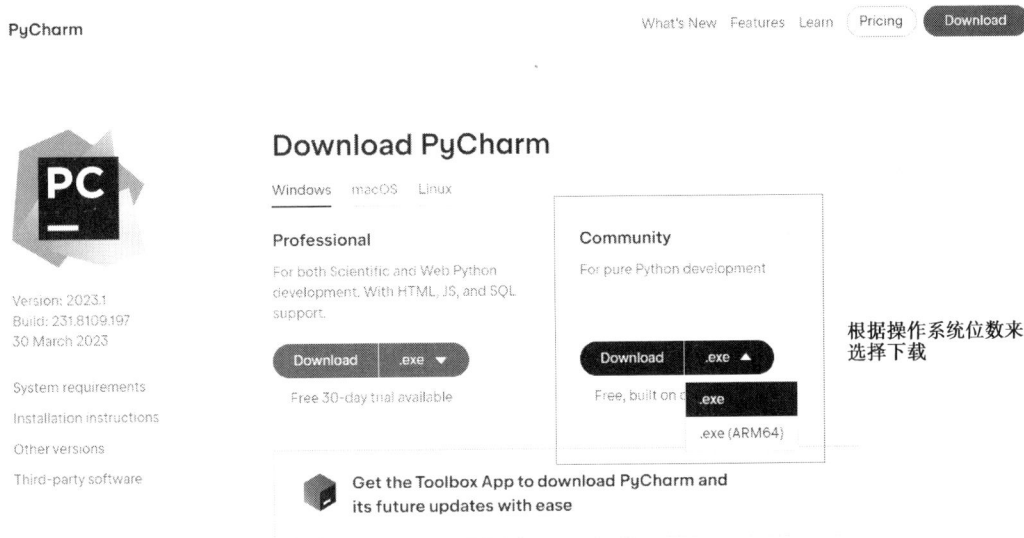

图 1-16　PyCharm 环境与版本下载选择页面

（2）安装

安装 PyCharm 的步骤如下所示。

①双击 PyCharm 安装包，在欢迎界面单击"Next"按钮，进入软件安装路径设置界面。

②在软件安装路径的设置界面中，设置合理的安装路径。建议不要把软件安装到操作系统所在的路径，否则当出现操作系统崩溃等特殊情况而必须重做操作系统时，PyCharm 程序路径下的程序将被破坏。PyCharm 默认的安装路径为操作系统所在的路径，建议更改，另外安装路径中建议不要使用中文字符。选择的安装路径为"D:\PyCharm"，单击"Next"按钮进入创建快捷方式界面，如图 1-17 所示。

③在创建桌面快捷方式界面(Create Desktop Shortcut)中设置 PyCharm 程序的快捷方式。设置关联文件(Create Associations)，勾选".py"左侧的复选框，这样以后再打开 .py(.py 文件是 Python 脚本文件，接下来编写的很多程序都是以 .py 结尾的)文件时，会默认调用 PyCharm 打开，如图 1-18 所示。

④单击"Next"按钮，进入选择开始菜单文件夹界面，该界面不用设置，采用默认即可，单击"Install"按钮进行安装（大约需要 10 min）。

⑤安装完成后，单击"Finish"按钮，结束安装。也可以选中"Run PyCharm Community Edition"前面的单选框，单击"Finish"按钮，这样可以直接运行 PyCharm 开发环境。

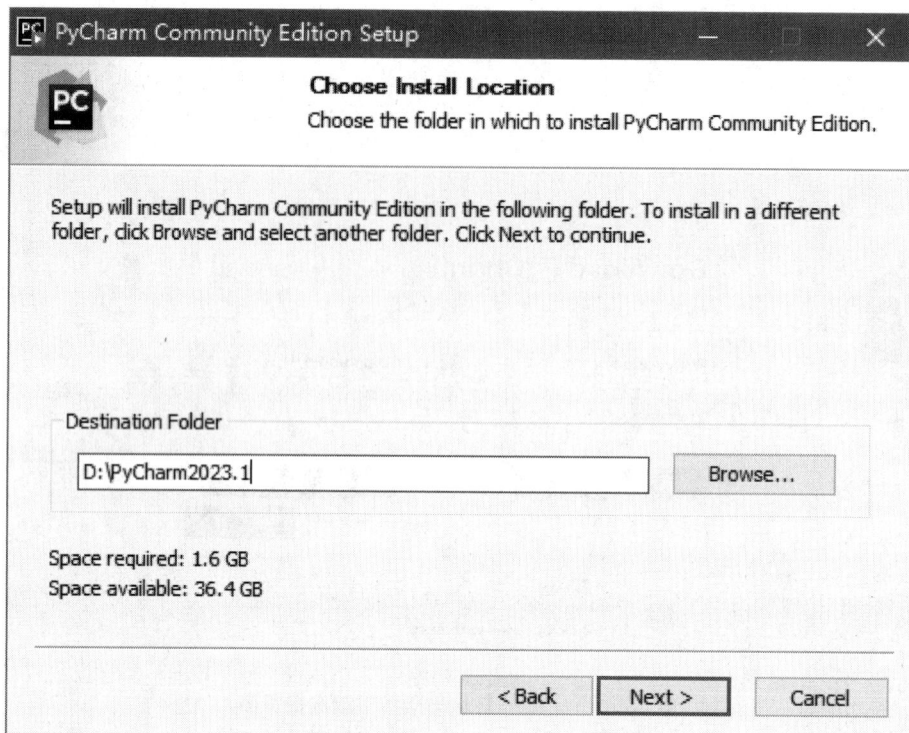

图1-17 设置PyCharm安装路径

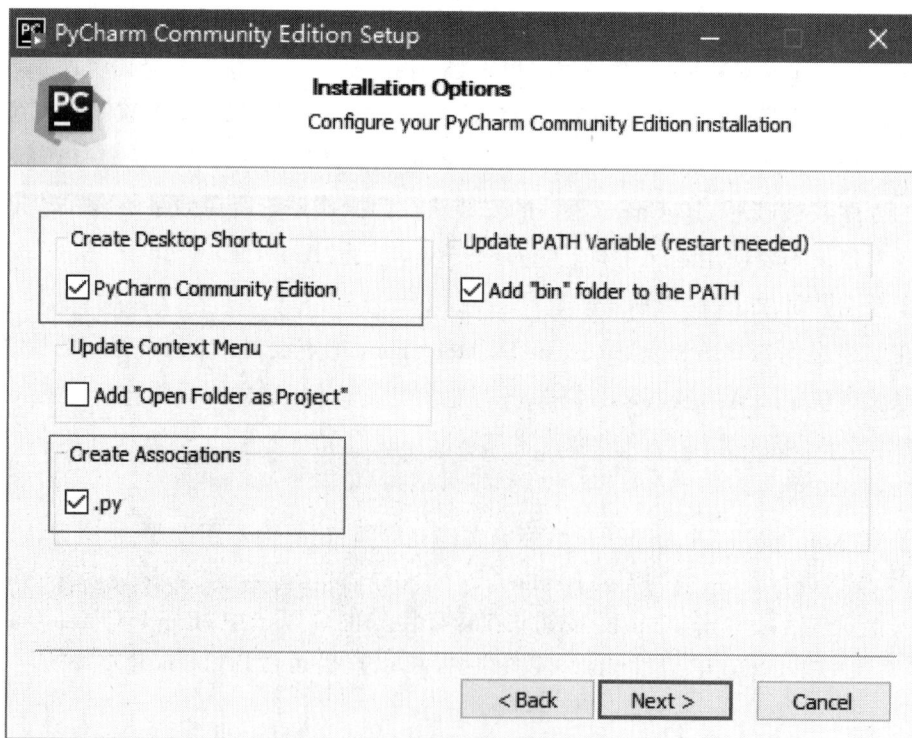

图1-18 设置快捷方式和关联

⑥图1-19为首次启动设置,如果是第一次使用,就不导入设置。

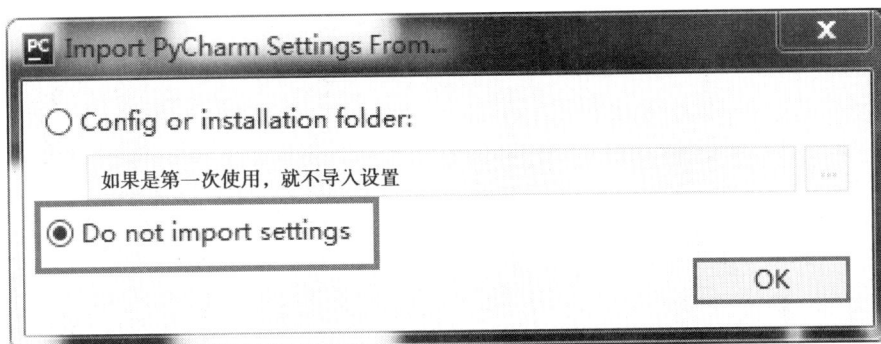

图1-19 首次启动对话框

⑦图1-20为PyCharm皮肤选择,界面可根据自己的爱好进行选择。

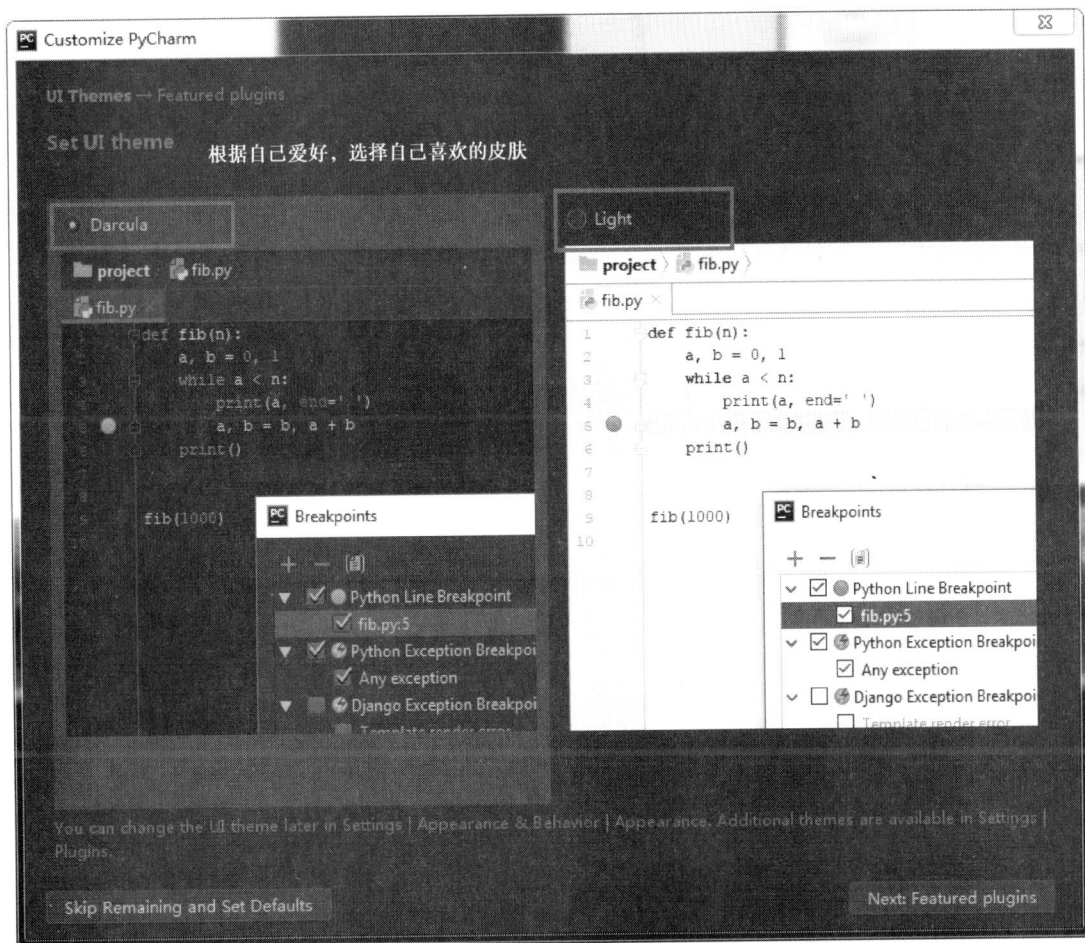

图1-20 PyCharm皮肤选择界面

⑧图1-21为首次启动后的界面。

图1-21　PyCharm首页

（3）第一个PyCharm程序

①新建项目：打开"PyCharm"→"File"→"Create Project"，如图1-22所示。

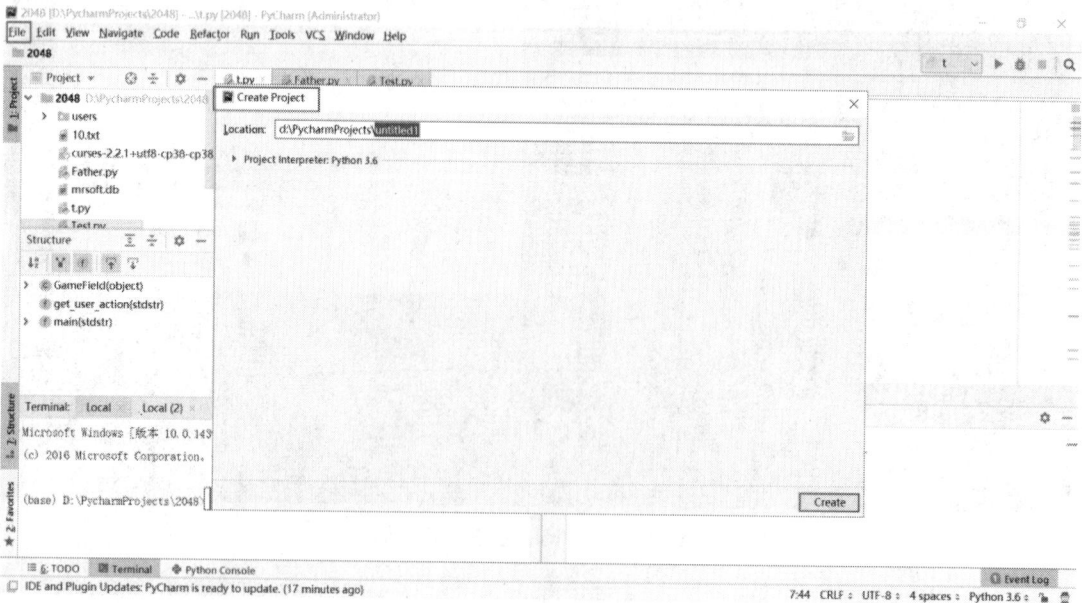

图1-22　新建项目路径

②创建Python项目目录和选择项目根目录和解释器版本,如图1-23所示。

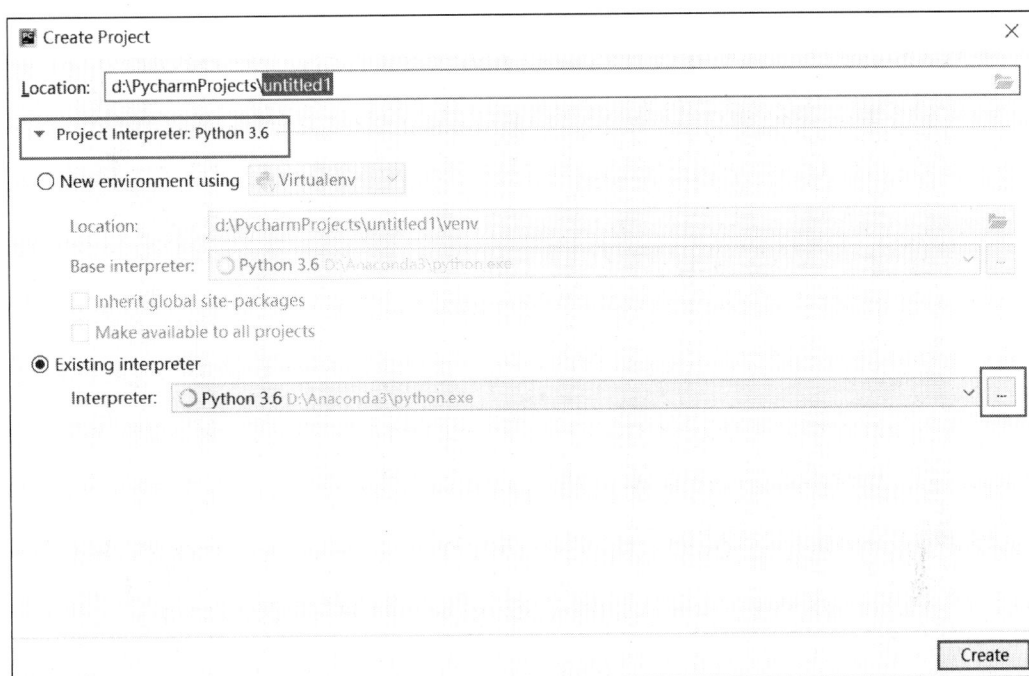

图 1-23　项目解释器

③选择对应的Python版本作为PyCharm加载,如图1-24所示。

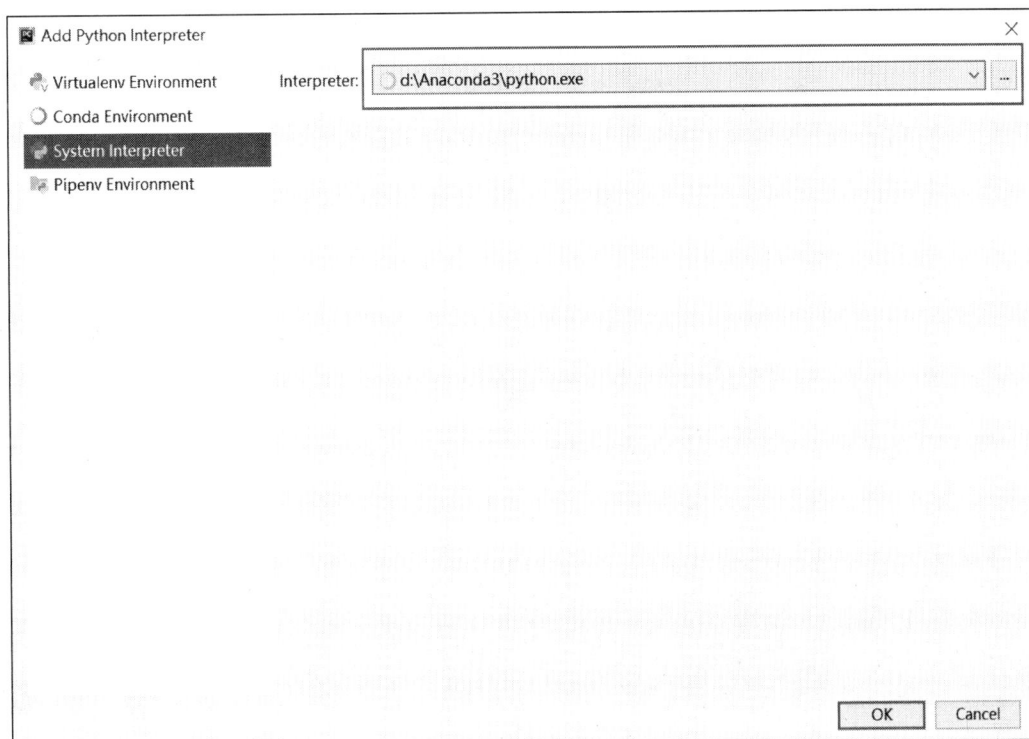

图 1-24　Python版本选择

④单击"Create"按钮,即可创建文件夹启动 PyCharm,如图 1-25 所示。

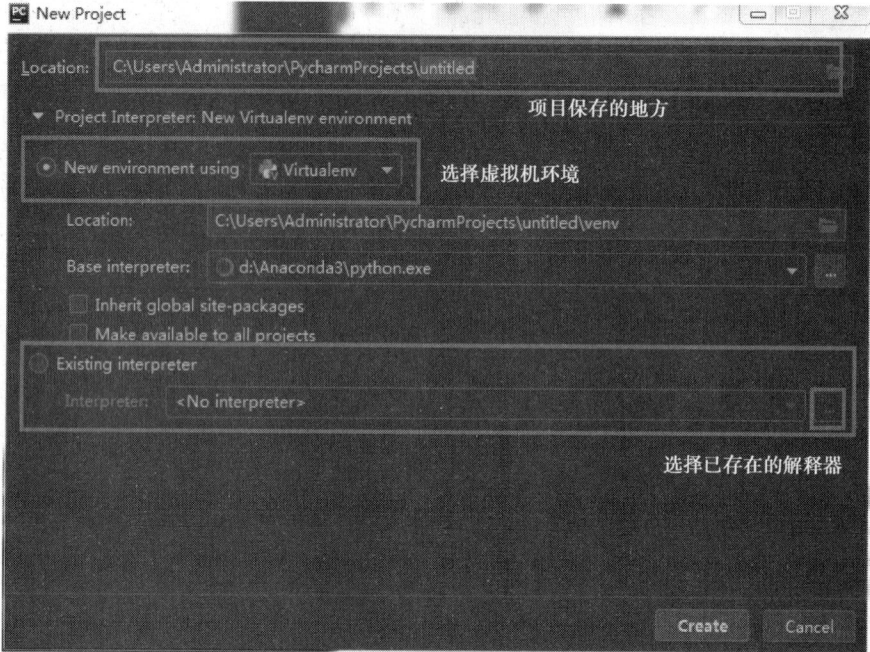

图 1-25　环境配置界面

注意:Anaconda 指的是一个开源的 Python 发行版本,其包含了 conda、Python 等 180 多个科学包及其依赖项。因为包含了大量的科学包,Anaconda 的下载文件比较大(约 531 MB),如果只需要某些包,或者需要节省带宽或存储空间,也可以使用 Miniconda,如图 1-26 所示。

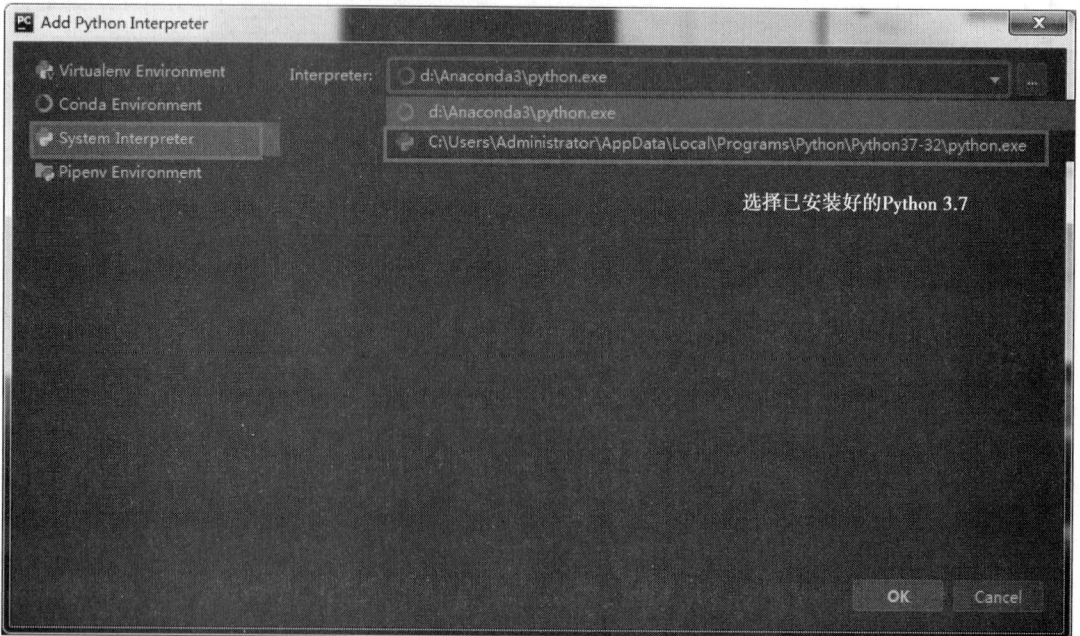

图 1-26　选择需要的 Python 版本

⑤如图1-27所示,在项目根目录或根目录内部任意位置单击右键,然后单击"New",选择"Python File",输入文件名后单击"OK"按钮即可创建文件,如图1-28所示。

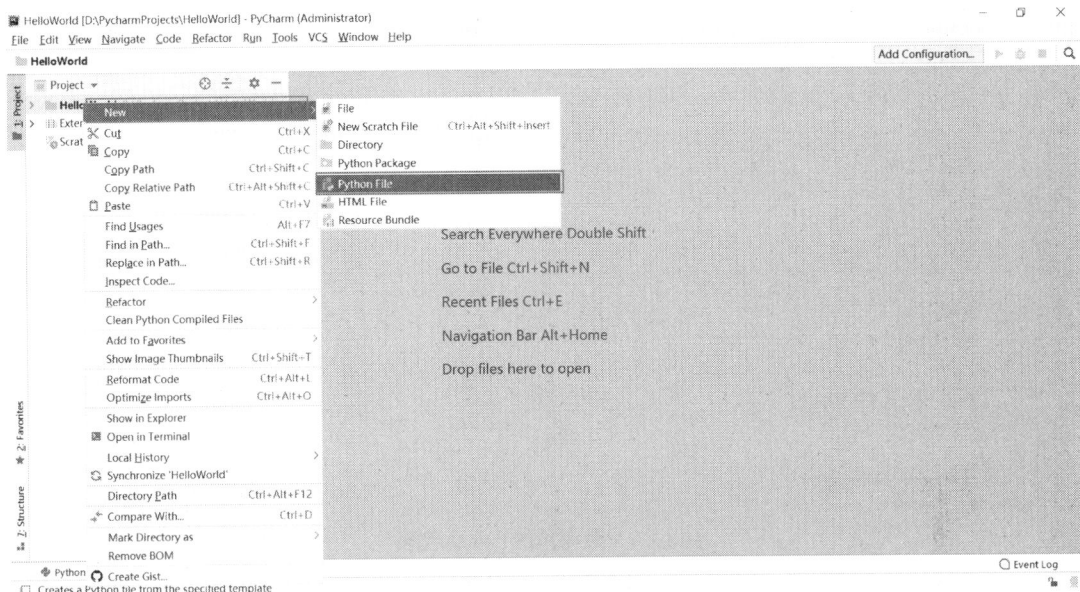

图1-27 新建项目流程图

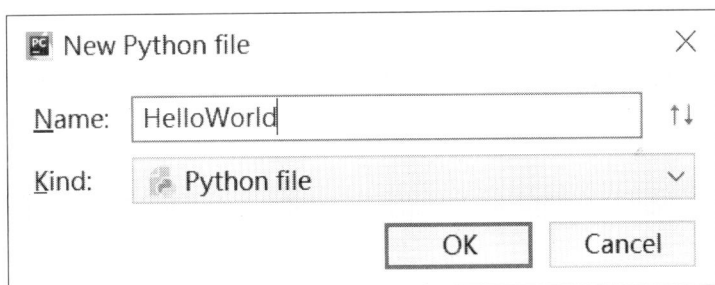

图1-28 项目名称设置

如果是将来要上传到服务器的文件,那么文件名不能使用中文。

⑥双击打开文件,并书写一个最简单的Python代码,效果如图1-29所示。

⑦在文件打开状态下,在空白位置单击右键,选择"Run 'test'",即可调出PyCharm的控制台输出程序结果,如图1-30所示。

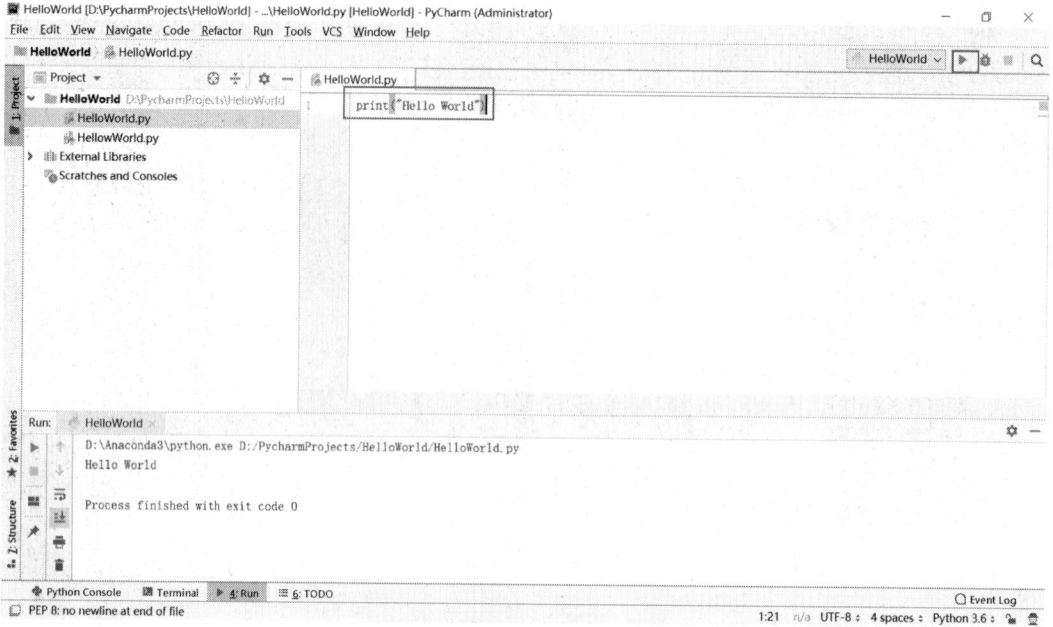

图 1-29　最简单的 Python 代码

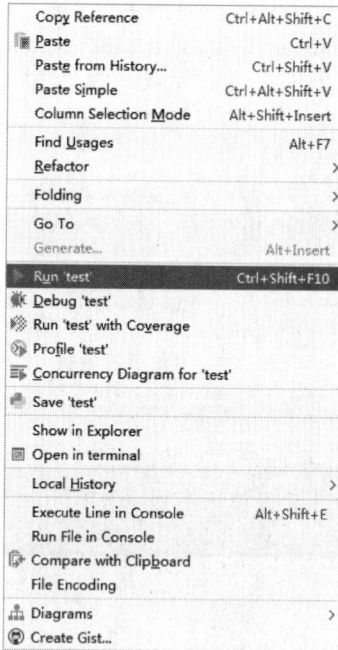

图 1-30　PyCharm 控制台输出选项

(4)PyCharm 的基本设置

①通过 Settings 对 PyCharm 进行基本设置，如图 1-31 所示。选择"Default Settings"项。

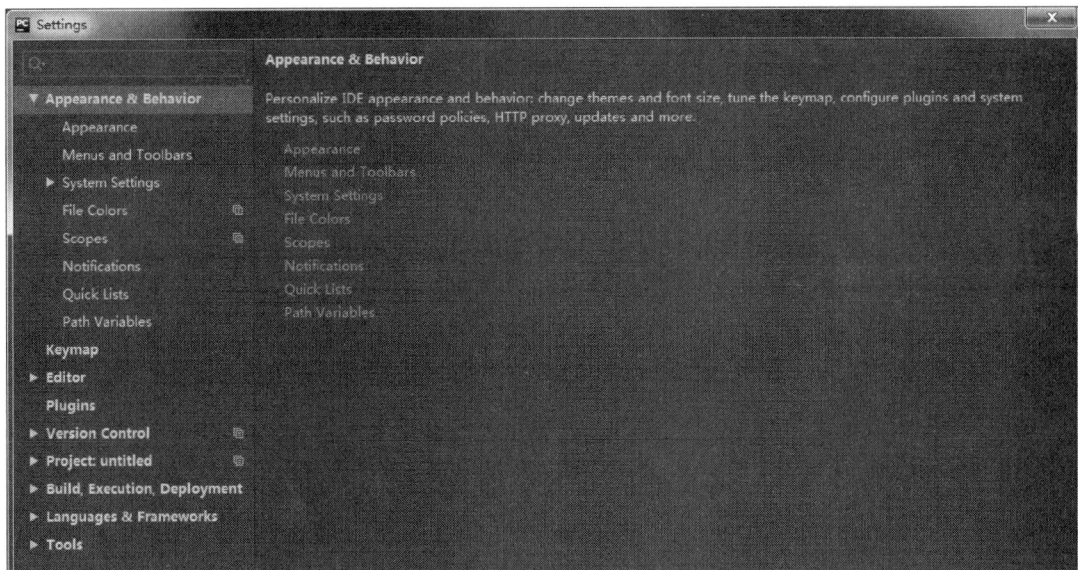

图1-31 PyCharm设置界面

②选择"Appearance & Behavior"中的"Appearance"修改主题,如图1-32所示。

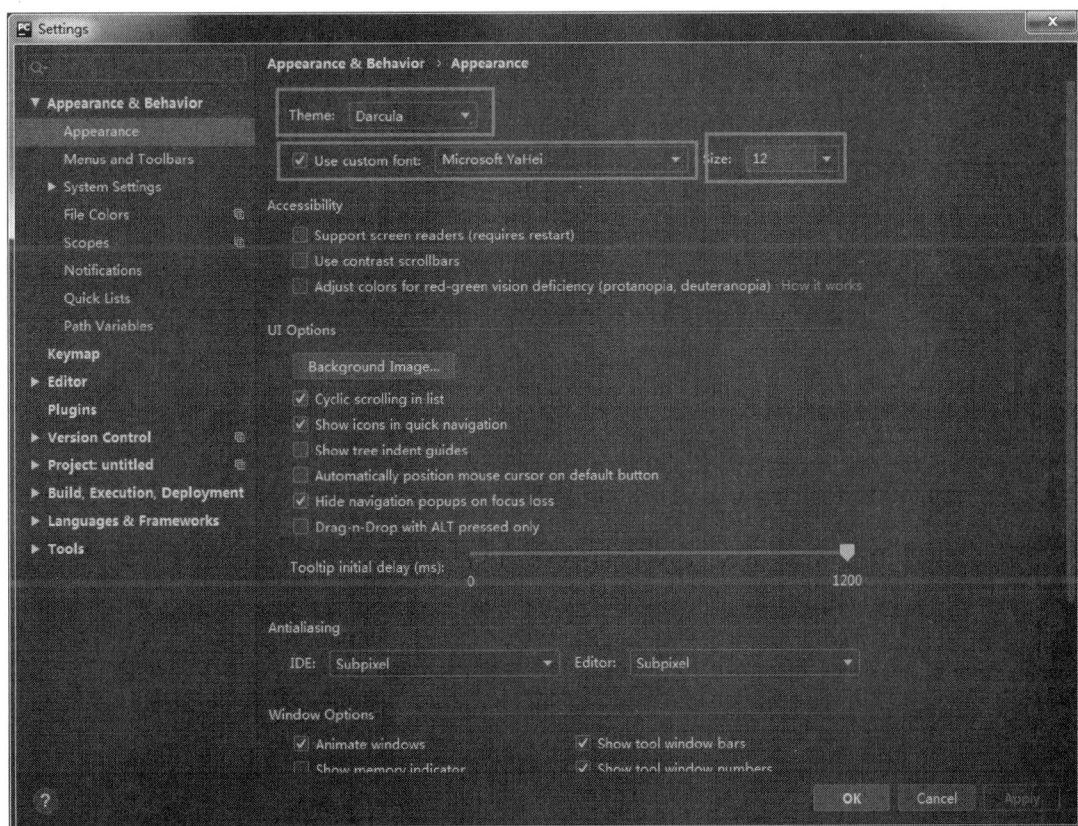

图1-32 PyCharm主题修改界面

Theme：修改主题。

Use custom font：修改主题字体。

Size：修改主题字号。

③修改代码文字格式，进入到"Editor"→"Font"页面，如图1-33所示。

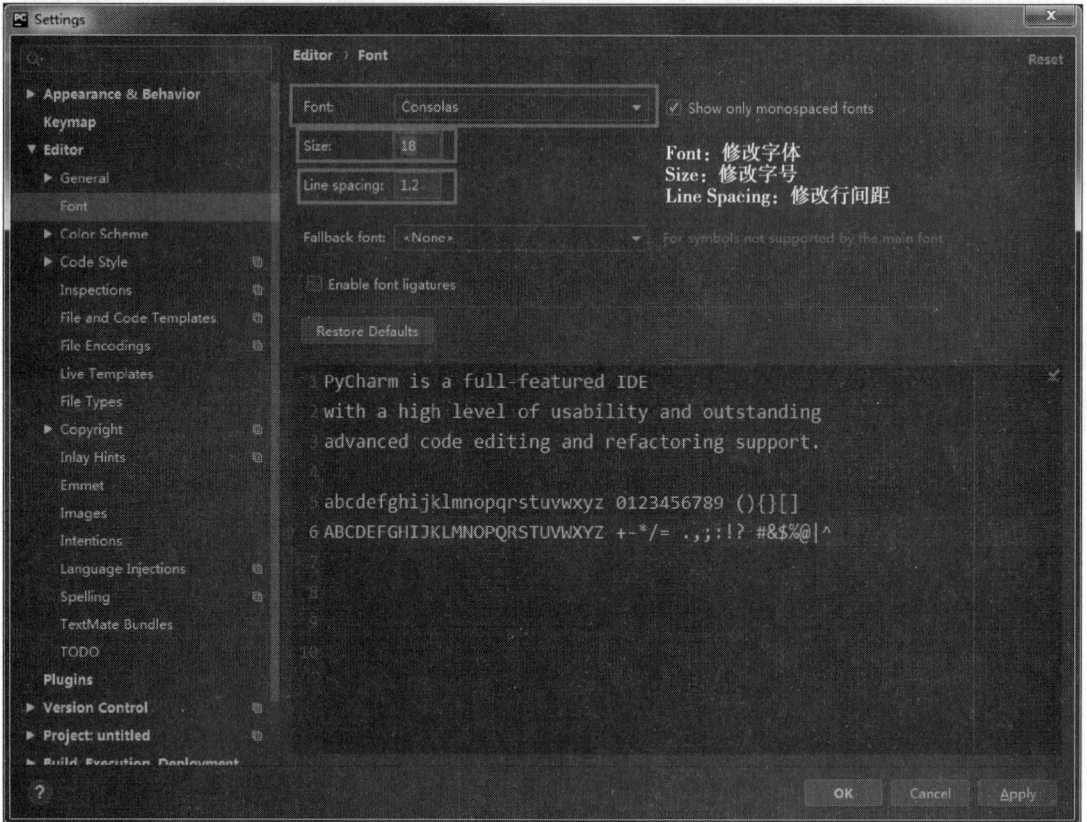

图1-33　PyCharm字体修改界面

Font：修改字体。

Size：修改字号。

Line Spacing：修改行间距。

④修改解释器，如图1-34所示。在Project Interpreter添加标解释器。

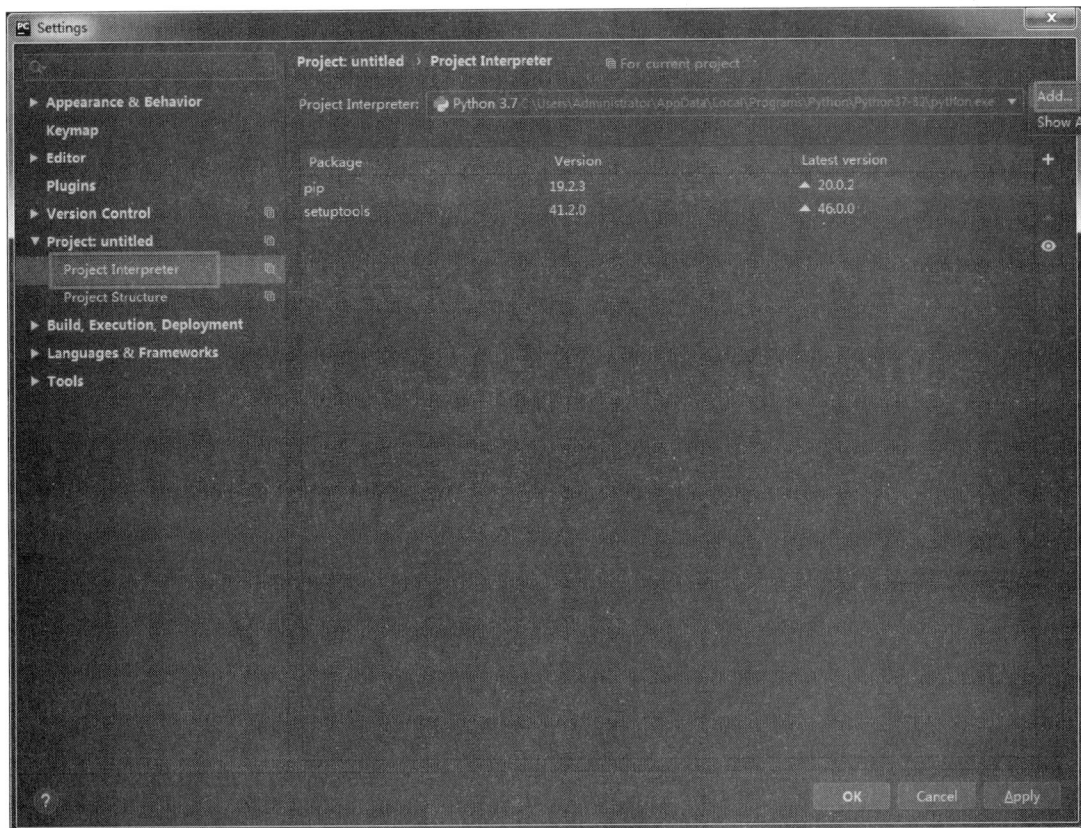

图 1-34　PyCharm 修改解释器

⑤项目管理:打开项目。

打开"File",然后单击"Open",找到项目的根目录,单击"OK"按钮。

打开项目的方式共有 3 种,效果图如图 1-35 所示。

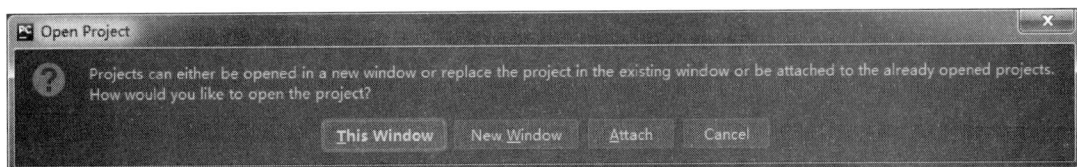

图 1-35　PyCharm 打开项目提示

This Window:覆盖当前项目,重新打开目标项目。

New Window:在新窗口打开,则打开两次 PyCharm,每个 PyCharm 负责一个项目。

Attach:在项目下面打开。

(5)PyCharm常用的部分快捷键

Ctrl + D	复制选定的区域或行
Ctrl + Y	删除选定的行
Ctrl + 鼠标左键	悬浮/单击鼠标左键,显示简介/进入代码定义
Ctrl + /	行注释 、取消注释
Ctrl +Shift + F10	运行编辑器配置
Ctrl + F	当前文件查找
F8	单步调试(一行一行走)
F7	进入内部
Shift + F8	退出调试
Ctrl + F8	在当前行,加上断点/断点开关

注意:
鼠标选中多行代码后,按下"Tab"键,一次缩进4个字符
鼠标选中多行代码后,同时按住"Shift+Tab"键,一次左移4个字符

1.6 综合应用——Hello World 的条件输出

获得用户输入的一个整数,参考该整数值,打印输出"Hello World",要求:如果输入值是0,直接输出"Hello World"。如果输入值大于0,以两个字符一行方式输出"Hello World",空格也是字符。如果输入值小于0,以垂直方式输出"Hello World"。

参考代码:

```python
num=int(input())
str="Hello World"
if num==0:
    print(str)
elif num>0:
    print("He\nll\no \nWo\nrl\nd")
elif num<0:
    for s in str:
        print(s)
```

小 结

①Python是时下最流行、最火爆的编程语言之一,具体原因如下:
- 简单、高效。
- 适应人群广泛。
- Python应用领域广泛。

②应用领域:Web应用开发、网络爬虫、科学计算、人工智能、自动化运维和游戏开发等。

③解释器:解释器的作用是可以帮助人们将Python代码,也就是.py文件交给机器执行。CPython,C语言开发的解释器是应用广泛的解释器。

④PyCharm开发环境。

- PyCharm是一种Python IDE(集成开发环境),PyCharm分为专业版(Professional)和社区版(Community)。
- 第一个PyCharm程序的步骤。
- PyCharm基本设置。
- 修改代码文字格式。
- PyCharm常用的快捷键、注释方法等。

习　题

一、选择题

1.下列Python多行注释用表示正确的是(　　)。

　A.#注释内容　　　　　　　　　　B."""注释内容"""

　C./*注释内容*/　　　　　　　　　D.//注释内容

2.Python能用于输出信息的函数为(　　)。

　A.print()　　　　　　　　　　　B.printf()

　C.input()　　　　　　　　　　　D.System.out.Print()

二、简答题

1.简述Python的特点。

2.简述Python的应用领域。

3.如果使用PyCharm编写程序,出现乱码怎么解决。

三、编程题

1.编写一个能够输出学生信息的Python程序。

2.使用Python输出崔颢的《黄鹤楼》,参照样式如下。

|黄鹤楼|

|作者:唐 崔颢|

|昔人已乘黄鹤去,此地空余黄鹤楼。 |

|黄鹤一去不复返,白云千载空悠悠。 |

|晴川历历汉阳树,芳草萋萋鹦鹉洲。 |

|日暮乡关何处是? 烟波江上使人愁。 |

第2章

Python 快速入门

知识目标

1.注释的作用、注释的分类及语法、注释的特点。

2.掌握 Python 中数据的输入与输出。

能力目标

能使用各种运算符进行编程。

素质目标

1.具有良好的思考和分析问题的能力。

2.具有使用缩进功能正确编程的能力。

3.具有使用各种运算符进行编程的能力。

2.1 注　释

在编程语言中,注释都是一项有用的功能。本书前面章节编写的程序中都只包含Python代码,但随着程序越来越大、越来越复杂时,就应在其中添加注释说明,对解决问题的方法进行大致阐述。注释是让使用者能够使用自然语言在程序中添加说明。

2.1.1 注释的作用

当程序变得强大、更复杂时,读起来很困难。程序的各个部分之间紧密衔接,想依靠部分代码了解整个程序的功能是非常困难的。如图2-1所示是没有注释的代码段。

```python
def is_gameover(self):
    for r in self.data:

        if r.count(0):
            return False

        for i in range(self.__col - 1):
            if r[i] == r[i + 1]:
                return False
    for c in range(self.__col - 1):

        for r in range(self.__row - 1):
            if self.data[r][c] == self.data[r + 1][c]:
                return False

    return True
```

图2-1　没有注释的代码

添加注释的代码段,如图2-2所示。

```python
# 判断游戏是否结束
def is_gameover(self):
    for r in self.data:
        # 如果水平方向还有0,则游戏没有结束
        if r.count(0):
            return False
        # 水平方向如果有两个相邻的元素相同,则没有游戏结束
        for i in range(self.__col - 1):
            if r[i] == r[i + 1]:
                return False
    for c in range(self.__col - 1):
        # 竖直方向如果有两个相邻的元素相同,则没有游戏结束
        for r in range(self.__row - 1):
            if self.data[r][c] == self.data[r + 1][c]:
                return False
    # 以上都没有,则游戏结束
    return True
```

图2-2　有注释的代码

注释是指在代码中对代码功能进行解释说明的标注性文字,可以提高代码的可读性。注释的内容将被 Python 解释器忽略,并不会在执行结果中体现出来。注释就像看书时做笔记一样,通过自己熟悉的语言,在程序中对某些代码进行标注说明,这就是注释的作用,能够极大增强程序的可读性。

因此,在程序中加入自然语言的笔记,解释程序在做什么是一个不错的主意。这种笔记称为注释,注释必须以"#"开始。在 Python 中,通常包括3种类型的注释,分别是单行注释、多行注释和中文编码声明注释。

2.1.2 注释的分类及语法

(1)单行注释(行注释)

Python 中使用"#"表示单行注释。只能注释一行内容,语法如下:

```
# 这是一个注释
```

单行注释可以作为单独的一行放在被注释代码行之上,也可以放在语句或表达式之后,如例 2-1 所示。

【例 2-1】单行注释。

```
# 输出 hello world
print("hello world")
print("hello Python")  # 输出(简单的说明可以放到一行代码的后面,一般习惯代码后面添加两个空格再书写注释文字)
```

说明:①当单行注释作为单独的一行放在被注释代码行之上时,为了保证代码的可读性,建议在"#"后面添加一个空格,再添加注释内容。

②当单行注释放在语句或表达式之后时,同样为了保证代码的可读性,建议注释和语句(或注释和表达式)之间至少要有两个空格。

第一种形式:

```
#要求输入出生年份,必须是4位数字,如1981
year=float(input("请输入您的出生年份:"))
```

第二种形式:

```
year=float(input("请输入您的出生年份:"))  #要求输入出生年份,必须是4位数字,如1981
```

(2)多行注释(块注释)

当注释内容过多,导致一行无法显示时,就可以使用多行注释。Python 中使用3个单引号或3个双引号表示多行注释,语法如下。

```
# 注释内容:单行注释
"""
第一行注释:多行注释
第二行注释:多行注释
第三行注释:多行注释
"""
```

```
"""
'''
注释 1:多行注释
注释 2:多行注释
注释 3:多行注释
'''
```

注意:注释不是越多越好,对于一目了然的代码,不需要添加注释。对于复杂的操作,应该在操作开始前写上相应的注释。对于不是一目了然的代码,应该在代码之后添加注释。

注释的组合快捷键"Ctrl + /"。

多行注释的实例如例2-2所示。多行注释通常用来为Python文件、模块、类或者函数等添加版权、功能等信息,如例2-3所示的代码使用多行注释为程序添加功能、开发者、版权信息、版本号、开发日期等信息。

【例2-2】多行注释。

```
"""
下面三行都是输出的作用,输出内容分别是:
hello Python
hello hbes
hello eszy
"""
print("hello Python")
print("hello hbes")
print("hello eszy")
'''
下面三行都是输出的作用,输出内容分别是:
hello Python
hello hbes
hello eszy
'''
print("hello Python")
print("hello hbes")
print("hello eszy")
```

【例2-3】多行注释的应用。

```
# 注释内容:单行注释
"""
功能模块:用户登录
开发者:小明
版权信息:第一开发小组
版本号:V2.1
时间:2023 年 3 月
"""
```

(3)中文编码声明注释

在 Python 中编写代码时,如果用到指定字符编码类型的中文编码,需要在文件开头加上中文声明注释,这样可以在程序中指定字符编码类型的中文编码,不至于出现代码错误。所以说,中文注释很重要。

Python 3.x 提供的中文编码声明注释语法格式如下:

```
#-*- coding:编码-*-
#coding=utf-8
```

一个优秀的程序员,为代码加注释是必须做的工作。但要确保注释的内容都是重要的事情,看一眼就知道是干什么的,无用的代码是不需要加注释的。

2.1.3 代码缩进

Python 不像其他程序设计语言(比如 C 语言或者 Java)采用"{}"来分隔代码块,当然 Python 作者也是考虑到"{}"增加了代码的冗余度以及不美观,所以规定了使用缩进和":"分隔代码块。缩进可以使用空格键或者"Tab"键实现。如果使用空格缩进的话,是采用 4 个空格作为一个缩进量,也就是要按 4 次空格键。而使用"Tab"键的话只需要按一下,因为 PyCharm 上默认按一下"Tab"键等于按 4 次空格键。虽然按"Tab"键方便,但还是建议按 4 次空格键缩进。

在 Python 中,对于类定义、函数定义、流程控制语句以及异常处理语句等,行尾的冒号和下一行的缩进表示一个代码块的开始,而缩进结束则表示一个代码块的结束,如例 2-4 所示。

【例 2-4】成绩判定。

```
score = 55   # 给定学生成绩是 55 分
if score >= 60:  # 如果成绩大于等于 60 分,就打印输出"恭喜你,考试成绩及格啦"
    print("恭喜你,考试成绩及格啦")
else:  # 反之,则打印输出"很遗憾,你不及格"
    print("很遗憾,你不及格")
# 执行程序后输出的结果就是"很遗憾,你不及格"。
```

2.2 变 量

Python 中的变量不需要声明。每个变量在使用前都必须赋值,变量赋值以后该变量才会被创建。在 Python 中,变量就是变量,它没有类型,人们所说的"类型"是变量所指的内存中对象的类型。这种变量本身类型不固定的语言称为动态语言,与之对应的是静态语言。

2.2.1 变量的作用

内存类似于人的大脑,计算机使用内存来记忆大量运算时要使用的数据。内存是个物理设备,是如何来存储一个数据的呢?

很简单,把内存想象成一间旅馆,要存储的数据就好比要住宿的客人。试想一下你去旅馆住宿的场景。首先,旅馆的服务人员会询问你要住什么样的房间? 单间、标准间,还是要享受一下总统套间? 然后,根据你选择的房间类型,服务员会给你安排一个合适的房间。旅馆首先将房间进行了编号,然后按照顾客的需要安排房间。程序中,数据都是临时存储在内存中,为了更快速地查找或使用这个数据,通常把这个数据在内存中存储之后定义一个名称,这个名称就是变量。

通常,根据内存地址可以找到这块内存空间的位置,也就找到存储的数据了。但是内存地址非常不好记,因此,人们把这块内存空间起一个别名,通过使用别名找到对应空间存储的数据。变量是一个数据存储空间的表示。变量和旅馆房间的对应关系见表2-1。

表2-1　变量与房间的对应关系

旅馆中的房间	变量
房间名字	变量名
房间类型	变量类型
入住的客人	变量的值

通过变量名可以简单快速地找到它存储的数据。将数据指定给变量,就是将数据存储到别名为变量名的那个房间。调用变量,就是将那个房间中的数据取出来使用。可见,变量是存储数据的一个基本单元,不同的变量相互独立。

2.2.2　定义变量

语法:

```
变量名 = 值
```

变量名自定义,但要满足标识符命名规则。

(1)标识符

标识符命名规则是Python中定义各种名字时的统一规范,具体如下:
①由数字、字母、下画线组成。
②不能以数字开头。
③不能使用内置关键字。
④严格区分大小写。

(2)命名习惯

①见名知意。
②大驼峰:即每个单词首字母都大写,例如,MyName。
③小驼峰:第二个(含)以后的单词首字母大写,例如,myName。
④下画线:例如,my_name。

(3)使用变量

```python
my_name = '编程小白'
print(my_name)
schoolName = '恩施职业技术学院'
print(schoolName)
```

2.2.3　认识bug

所谓bug,就是程序中的错误。如果程序有错误,需要程序员排查问题,纠正错误,如图2-3所示。

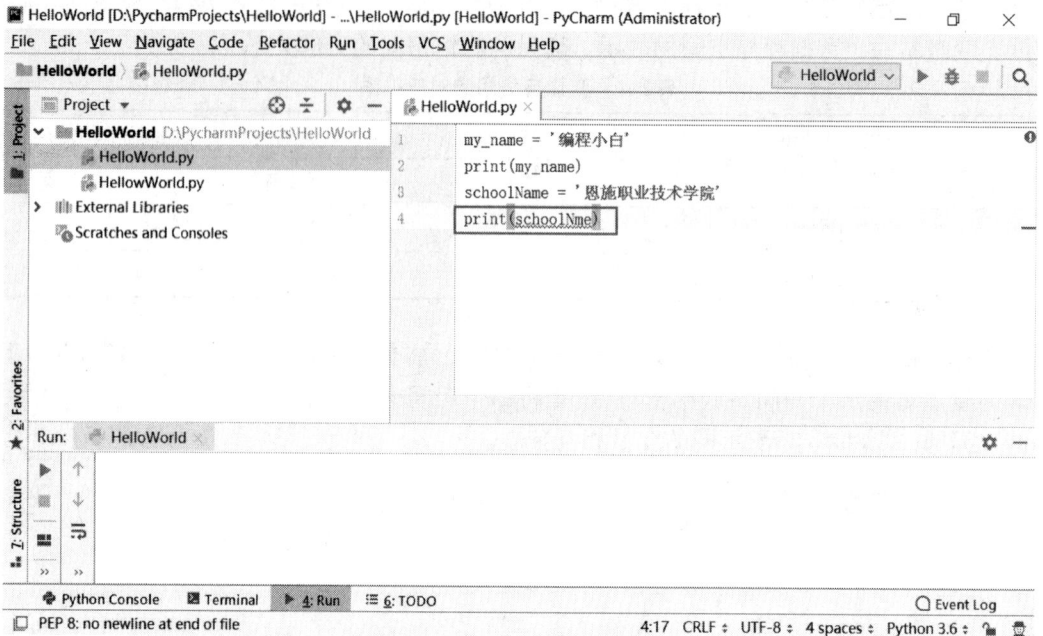

图2-3　程序中的错误提示

Debug工具是PyCharm IDE中集成用来调试程序的工具,在这里程序员可以查看程序的执行细节、流程或者调试bug。

Debug工具使用步骤:

(1)打断点

打断点位置:目标要调试的代码块的第一行代码即可,即一个断点即可。

打断点方法:单击目标代码的行号右侧空白位置,如图2-4所示。

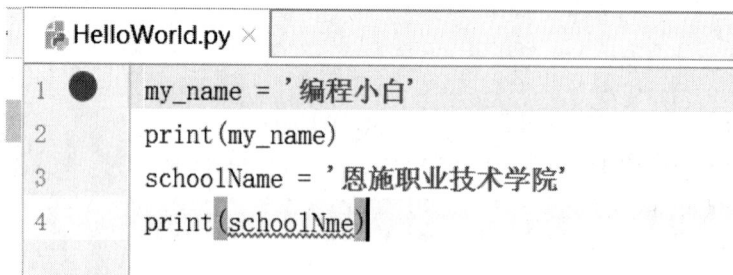

图2-4　打断点

(2)Debug调试

打成功断点后,在文件内部任意位置单击鼠标右键,选择Debug'文件名',便可以调出Debug工具面板,单击"Step Over"/"F8",即可按步骤执行代码。

（3）Debug输出

Debug输出的面板分类界面，如图2-5所示。

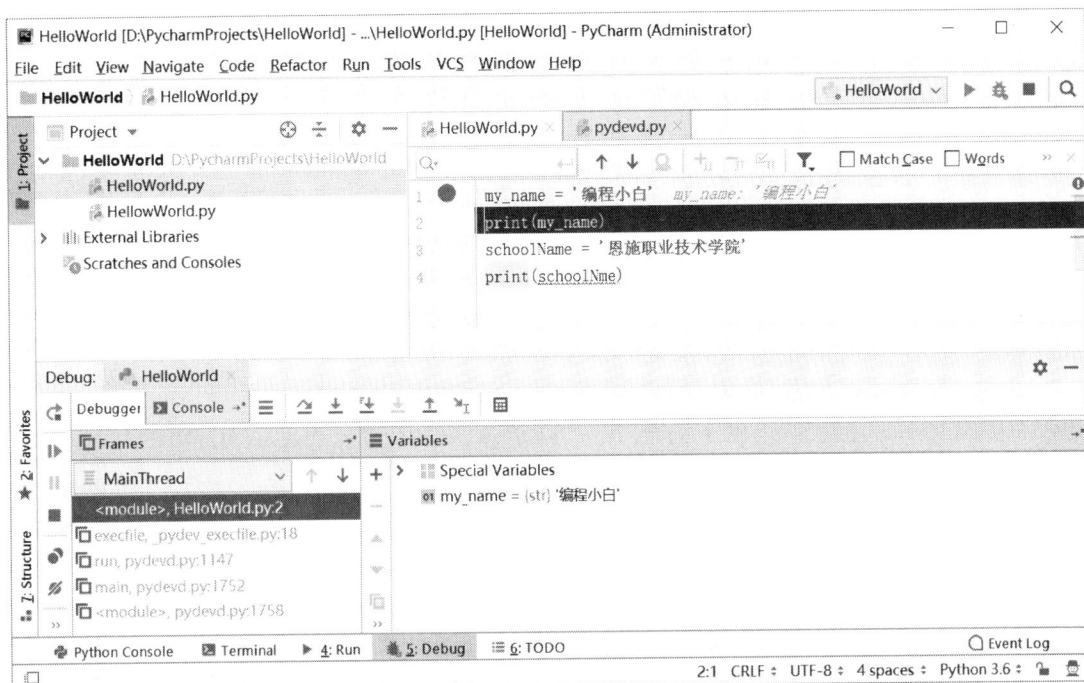

图2-5　Debug输出的面板分类界面

Debugger：显示变量和变量的细节；Console：输出内容。

2.2.4　认识数据类型

众所周知，面向对象语言的特点为"万物皆为对象"。世界纷繁复杂，万物多种多样，数字、文本、图形等多种类型并存。计算机内存需要对这些类型各异的数据进行处理和存储。例如，要存储一个学生信息，其属性有姓名、学号、性别、年龄、家庭住址等，其中姓名、学号、家庭住址等属性可以用字符串类型存储，年龄可以用数字类型存储，性别既可以用字符串类型存储也可以用布尔类型存储。当然，想要把一个学生的全部信息作为整体存储，就需要用到列表、元组、字典等高级数据类型，而要存储若干个学生信息，则要用到集合数据类型。Python数据类型及说明见表2-2。

表2-2　Python数据类型

名称	类型	说明
整数	int	不带小数点的数：5、16、-24、0
小数	float	带小数点的数：3.14、-6.7、4.0
字符串	string	有序的字符序列："你好"、'Hello'、"100"、'3.14'
布尔值	bool	用于逻辑运算的类型，值只有True或者False

续表

名称	类型	说明
列表	list	有序序列:[100,"Hello",-12.5,100]
字典	dictionary	无序的键值对:{"小明":"66分","小红":"23分"}
元组	tuple	有序且不可变序列:(100,"Hello",-12.5,100)
集合	set	无序且无重复元素:{"A","B","C"}

Python 中的数字(numeric)类型与数学中的数字(digit)是一致的,可以分为整数(int)、浮点数(float)、复数(complex)和布尔(bool)4类。

(1)整数类型

整数也称为整型,用来表示整数数值,可以是正整数,负整数或者0。在 Python 3 中,整数是没有限制大小的,但实际上由于机器内存的限制,使用的整数不可能是无限大的。

整数有4种表现形式:

①二进制整数:用0和1两个数码表示,基数为2,逢二进一,并且以"0b"或者"0B"开头,如 0b101(十进制5),0B10001000(十进制136)。

②八进制整数:用0~7共8个数码表示,基数为8,逢八进一,并且以"0o"或者"0O"开头,如0O123(十进制83)、-0o2345(十进制 -1253)。

③十进制整数:最常用的进制形式,用0~9共10个数码表示,基数为10,逢十进一。

④十六进制整数:用0 ~ 9以及a/A, b/B,…,f/F共16个数码表示,基数为16,逢十六进一,并且以"0x"或者"0X"开头,如0x123(十进制291),0X23ab(十进制9131)。

```
>a = 100
>print(a)        #输出 100
>print(bin(a))   #输出 0b1100100
>print(oct(a))   #输出 0o144
>print(hex(a))   #输出 0x64
```

(2)浮点数类型

Python 中的浮点数类型与数学中实数的概念一致,表示带有小数的数值,例如0.123、-123.456等。浮点数类型有两种表示形式:小数表示法(如1.0、2.3、-3.14等)和指数表示法(如56e4、12E-2等)。

注意:用指数表示法表示小数时,指数e/E的前面必须有数值,后面必须是整数,否则会抛出异常。例如:

```
>a = e2    # NameError : name 'e2' is not defined
>b= 0.2e-0.2  # SyntaxError : invalid syntax
```

(3)复数类型

Python 中的复数类型与数学中复数的概念一致,都由实部和虚部组成,并且使用j或者J

表示虚数部分,如1.58+4j、0.237+0.8J等。

(4)布尔类型

布尔类型表示逻辑值真(True)和假(False),在数学运算中对应1和0。0、空字符串、空列表、空元组或者空字典等,对应的布尔值都是False。

【例2-5】制作一个简单的信息表,输出学生信息。

```
sno,sname,sage,ssex = 2211031201,'张三丰',18,True
#多个变量赋值
print("学生信息为:")
print("学号:" + str( sno) )
print("姓名:" + str( sname) )
#函数 str()表示将其他类型转换为字符串类型
print("年龄:" + str( sage))
if ssex == True:    #选择结构
    print("性别:男")
else:
    print("性别:女")
```

运行结果:

```
学生信息为:
学号:2211031201
姓名:张三丰
年龄:18
性别:男
```

说明:str()函数的功能是将参数类型转换为字符串类型,if语句用于进行条件选择。

检测数据类型也可以使用type()的方法如例2-6所示。

【例2-6】检测数据类型的方法。

```
a = 1
print(type(a)) # <class 'int'> -- 整型
b = 1.1
print(type(b)) # <class 'float'> -- 浮点型
c = True
print(type(c)) # <class 'bool'> -- 布尔型
d = '12345'
print(type(d)) # <class 'str'> -- 字符串
e = [10, 20, 30]
print(type(e)) # <class 'list'> -- 列表
f = (10, 20, 30)
print(type(f)) # <class 'tuple'> -- 元组
h = {10, 20, 30}
print(type(h)) # <class 'set'> -- 集合
```

```
g = {'name': 'TOM', 'age': 20}
print(type(g)) # <class 'dict'> -- 字典
```

2.3　标准输入函数 input()

标准输入是指用户根据需要从键盘上输入字符,经过程序编译和运行,将结果输出到计算机屏幕上。Python实现标准输入和输出使用内置函数input()和print()。

2.3.1　输入简介

在程序中,接收用户输入数据的功能即是输入,如图2-6所示为QQ软件的登录界面,就需要人们输入QQ号码和密码。

图2-6　QQ登录界面

输入输出,简单来说就是从标准输入中获取数据和将数据打印到标准输出,常被用于交互式的环境当中。

2.3.2　输入语法格式

input()的语法格式如下:

```
input() #功能:接收一个标准输入数据
```

说明:使用input([prompt])读取一行,将其转换为 string 类型并返回,input 的参数可有可无,如果有参数的话,会在控制台输出参数的内容,不换行。通常情况下,在控制台输入数据,然后按"Enter"键,就完成了本次输入。

【例2-7】登录QQ。

```
name = input("请输入你的 QQ 号码:")
pwd = input("请输入你的密码:")
# 输出字符串
print("你的用户名是%s,密码是%s" % (name,pwd))
```

接收多个数据输入,使用eval()函数,间隔符必须是逗号。

```
a,b,c=eval(input("请输入三个数,中间用逗号隔开"))
print(a,b,c)
print(type(a))# <class 'int'>
```

对于接收用户输入的数字,可以使用结合。

```
a = eval(input("请输入一个数字:"))
```

2.4 标准输出函数 print()

2.4.1 输 出

输出的作用是:程序输出内容给用户,如图2-7所示登录QQ后,发表一个说说"1024,说是程序员节"。

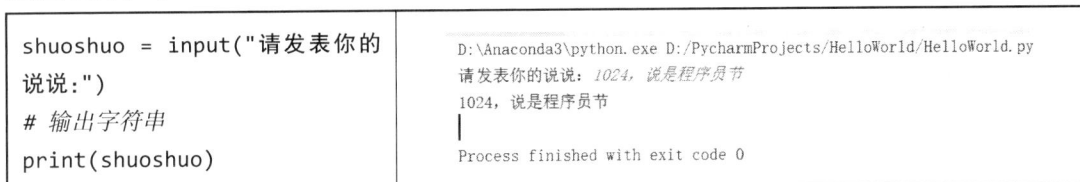

```
shuoshuo = input("请发表你的
说说:")
# 输出字符串
print(shuoshuo)
```

```
D:\Anaconda3\python.exe D:/PycharmProjects/HelloWorld/HelloWorld.py
请发表你的说说: 1024, 说是程序员节
1024, 说是程序员节

Process finished with exit code 0
```

图2-7 程序输出

2.4.2 格式化输出

表2-3列举了常用格式化输出,即按照一定的格式输出内容。

表2-3 常用的格式化符号

格式符号	转换
%s	字符串
%d	有符号的十进制整数
%f	浮点数
%c	字符
%u	无符号十进制整数
%o	八进制整数
%x	十六进制整数(小写0x)
%X	十六进制整数(大写0X)
%e	科学记数法(小写'e')
%E	科学记数法(大写'E')
%g	%f和%e的简写
%G	%f和%E的简写

技巧:%06d,表示输出的整数显示位数,不足以0补全,超出当前位数则原样输出。%.2f,表示小数点后显示的小数位数。

格式化字符串除了%s,还可以写为f'{表达式}'。

【例2-8】f'{表达式}'的运用。

```
age = 18
name = "TOM"
weight = 75.5
student_id = 1
# 我的名字是 TOM
print("我的名字是%s" % name)
# 我的学号是 0001
print("我的学号是%04d" % student_id)
# 我的体重是 75.50 千克
print("我的体重是%.2f 千克" % weight)
# 我的名字是 TOM,今年 18 岁了
print("我的名字是%s,今年%d 岁了" % (name, age))
# 我的名字是 TOM,明年 19 岁了
print("我的名字是%s,明年%d 岁了" % (name, age + 1))
# 我的名字是 TOM,明年 19 岁了
print(f"我的名字是{name}，明年{age + 1}岁了")
```

F——格式化字符串是Python3.6中新增的格式化方法,该方法更简单易读。

转义字符:"\n"为换行、"\t"为制表符,一个Tab键(4个空格)的距离。

结束符:想一想,为什么两个print会换行输出？ print("输出的内容", end="\n")。

在Python中, print(),默认自带 end="\n" 这个换行结束符,所以导致每两个print直接会换行展示,用户可以按需求更改结束符。

2.5 转换数据类型

2.5.1 转换数据类型的作用

input 返回的是string类型,如果想输入数字,如何操作呢,例如输入的QQ号是数字。

答:转换数据类型即可,即将字符串类型转换成整型。

【例2-9】QQ登录验证。

```
# input返回的是 string 类型,使用 int 转换为整形
name = int(input("请输入你的QQ号码:"))
pwd = input("请输入你的密码:")
# 输出字符串
print("你的用户名是%d,密码是%s" % (name, pwd))
```

```
D:\Anaconda3\python. exe D:/PycharmProjects/HelloWorld/HelloWorld. py
请输入你的QQ号码: 6868686
请输入你的密码: admin
你的用户名是6868686,密码是admin

Process finished with exit code 0
```

2.5.2 转换数据类型的函数

转换数据类型的函数见表2-4。

表2-4 转换数据类型的函数

函数	说明
int(x [,base])	将x转换为一个整数
float(x)	将x转换为一个浮点数
complex(real [,imag])	创建一个复数，real为实部，imag为虚部
str(x)	将对象x转换为字符串
repr(x)	将对象x转换为表达式字符串
eval(str)	用来计算在字符串中的有效Python表达式，并返回一个对象
tuple(s)	将序列s转换为一个元组
list(s)	将序列s转换为一个列表
chr(x)	将一个整数转换为一个Unicode字符
ord(x)	将一个字符转换为它的ASCII整数值
hex(x)	将一个整数转换为一个十六进制字符串
oct(x)	将一个整数转换为一个八进制字符串
bin(x)	将一个整数转换为一个二进制字符串

【例2-10】转换数据类型的函数运用。

```
# 1. float() -- 转换成浮点型
num1 = 1
print(float(num1))
print(type(float(num1)))
# 2. str() -- 转换成字符串类型
num2 = 10
print(type(str(num2)))
# 3. tuple() -- 将一个序列转换成元组
'''
序列是Python中最基本的数据结构，包括字符串、列表、元组。序列，顾名思义，是有序的,序列都有索
引,都能进行索引、切片(截取)、加(连接)、乘(倍增)、检查成员的操作。
因为序列有序,可通过位置来区分元素,所以序列中可含有相同的元素。
元组(Tuple)中可以含有不同类型的数据。
元组不能被修改,不能删除、修改元组中的元素,但可以用Del删除整个元组。
元组用小括号表示。
'''
```

```
list1 = [10, 20, 30]
print(tuple(list1))
print(type(tuple(list1)))
# 4. list() -- 将一个序列转换成列表
'''
列表(List)中的元素类型可以不同,甚至可以嵌套复杂的数据类型。列表用中括号表示。
'''
t1 = (100, 200, 300)
print(list(t1))
print(type(list(t1)))
# 5. eval() -- 将字符串中的数据转换成 Python 表达式原本类型
str1 = "10"
str2 = "[1, 2, 3]"
str3 = "(1000, 2000, 3000)"
print(type(eval(str1)))
print(type(eval(str2)))
print(type(eval(str3)))
```

2.6 运算符

2.6.1 算术运算符

算术运算符见表2-5,假设变量a为10,变量b为21。

表2-5 算术运算符

运算符	描述	实例
+	加——两个对象相加	a+b输出结果31
−	减——得到负数或是一个数减去另一个数	a-b输出结果 −11
*	乘——两个数相乘或是返回一个被重复若干次的字符串	a*b输出结果210
/	除——x除以y	b/a输出结果2.1
%	取模——返回除法的余数	b % a输出结果1
**	幂——返回x的y次幂	a**b为10的21次方
//	取整除——返回商的整数部分	9//2输出结果4; 9.0//2.0输出结果4.0

注意:混合运算优先级顺序为 () 高于 ** 高于 * / // % 高于 + −。

【例2-11】混合运算优先级顺序。

```
a = 21
b = 10
c = 0
c = a + b
print ("1-c 的值为：",c)
c = a - b
print ("2-c 的值为：",c)
c = a * b
print ( "3-c 的值为:",c)
c = a / b
print ("4-c 的值为：",c)
c = a % b
print ("5-c 的值为：",c)#修改变量a.b.c
a = 2
b = 3
c =a ** b
print ( "6-c 的值为：",c)
a = 10
b = 5
c = a//b
print ("7-c 的值为：",c)
```

运行结果：

```
1-c 的值为： 31
2-c 的值为： 11
3-c 的值为:210
4-c 的值为： 2.1
5-c 的值为： 1
6-c 的值为： 8
7-c 的值为： 2
```

2.6.2 赋值运算符

赋值运算符见表2-6。

表2-6 赋值运算符

运算符	描述	实例
=	赋值	将"="右侧的结果赋值给等号左侧的变量

(1)单个变量赋值

```
num = 1
print(num)
```

(2)多个变量赋值

代码(左)与结果(右)如下:

`num1,float1,str1 = 10,0.5,`
`'hello world'`
`print(num1)`
`print(float1)`
`print(str1)`
	Run: Hello World
	D:\python3\python3.exe "D:/test/Hello World.py"
	10
	0.5
	hello world
	
	Process finished with exit code 0

(3)多变量赋相同值

代码(左)与结果(右)如下:

`a = b = 10`
`print(a)`
`print(b)`
	D:\python3\python3.exe "D:/test/Hello World.py"
	10
	10
	
	Process finished with exit code 0

2.6.3 复合赋值运算符

以下假设变量a为10,变量b为20,复合赋值运算符见表2-7。

表2-7 复合赋值运算符

运算符	描述	实例
=	简单的赋值运算符	c=a+b将a+b的运算结果赋值为c
+=	加法赋值运算符	c+=a等效于c=c+a
-=	减法赋值运算符	c-=a等效于c=c-a
* =	乘法赋值运算符	c*=a等效于c=c*a
/=	除法赋值运算符	c/=a等效于c=c/a
%=	取模赋值运算符	c%=a等效于c=c%a
**=	幂赋值运算符	c**=a等效于c=c**a
//=	取整除赋值运算符	c//= a等效于c=c//a

【例2-12】Python所有赋值运算符的操作。

```
a = 21
b = 10
c = 0
c = a + b
print ("1-c 的值为: ",c)
c += a
print ( "2-c 的值为:",c)
```

```
c *=a
print ( "3-c 的值为：",c)
c/= a
print ( "4 -c 的值为：",c)
c = 2
c %= a
print ( "5 -c 的值为：",c)
c **=a
print ( "6 -c 的值为：",c)
c//= a
print ("7 -c 的值为：",c)
```

运行结果：

```
1-c 的值为：  31
2-c 的值为：52
3 -c 的值为：  1092
4 -c 的值为：  52.0
5 -c 的值为：  2
6 -c 的值为：  2097152
7 -c 的值为：  99864
```

2.6.4　比较运算符

比较运算符也称关系运算符,具体描述见表2-8。

表2-8　比较运算符

运算符	描述	实例
==	判断相等。如果两个操作数的结果相等,则条件结果为真(True),否则条件结果为假(False)	如a=3,b=3,则(a == b) 为 True
!=	不等于。如果两个操作数的结果不相等,则条件为真(True),否则条件结果为假(False)	如a=3,b=3,则(a == b) 为 True；如a=1,b=3,则(a != b)为 True
>	运算符左侧操作数结果是否大于右侧操作数结果,如果大于,则条件为真,否则为假	如a=7,b=3,则(a > b) 为 True
<	运算符左侧操作数结果是否小于右侧操作数结果,如果小于,则条件为真,否则为假	如a=7,b=3,则(a < b) 为 False
>=	运算符左侧操作数结果是否大于等于右侧操作数结果,如果大于,则条件为真,否则为假	如a=7,b=3,则(a < b) 为 False；如a=3,b=3,则(a >= b)为 True
<=	运算符左侧操作数结果是否小于等于右侧操作数结果,如果小于,则条件为真,否则为假	如a=3,b=3,则(a <= b) 为 True

【例2-13】比较运算符的使用。

```
a = 21
b = 10
c = 0
c = a + b
if ( a== b ):
    print ("1:a 等于 b")
else:
    print ("1:不等于 b")
if ( a != b ):
    print ("2:a 不等于 b")
else:
    print("2:a 等于 b")
if ( a< b ):
    print ("3:a 小于 b")
else:
    print ("3:a 大于等于 b")
if ( a > b ):
    print ("4:a 大于 b")
else:
    print ("4:a 小于等于 b") #修改变量 a 和 b 的值
a= 5;
b =20;
if ( a<= b ):
    print ("5:a 小于等于 b")
else:
    print ("5:a 大于 b")
if ( b>=a ):
    print("6:b 大于等于 a")
else:
    print ("6:b 小于 a")
```

运行结果：

```
1:不等于 b
2:a 不等于 b
3:a 大于等于 b
4:a 大于 b
5:a 小于等于 b
6:b 大于等于 a
```

2.6.5 逻辑运算符

逻辑运算符见表2-9。

表2-9　逻辑运算符

运算符	逻辑表达式	描述	实例
and	x and y	布尔"与"：如果x为False,x and y返回False,否则它返回y的值	True and False, 返回False
or	x or y	布尔"或"：如果x是True,它返回True,否则它返回y的值	False or True, 返回True
not	not x	布尔"非"：如果x为True,返回False。如果x为False,它返回True	not True 返回False, not False 返回True

【例2-14】逻辑运算符。

```
a = 1
b = 2
c = 3
print((a <b) and (b <c)) # True
print((a >b) and (b <c)) # False
print((a >b) or (b <c)) # True
print(not (a >b)) # True
```

2.6.6　运算符的优先级

Python支持几十种运算符,被划分为近20个优先级。优先级和结合性不尽相同,表2-10列出了Python运算符的优先级和结合性。

表2-10　Python运算符优先级和结合性一览表(优先级从高到低)

运算符	说明	优先级	结合性
()	小括号	19	无
[]	索引运算符	18	左
.	属性访问	17	左
**	乘方	16	左
~	按位取反	15	右
+/-	符号运算符(正号或者负号)	14	右
*、/、//、%	乘除	13	左
+、-	加减	12	左
>> 、<<	位移	11	左
&	按位与	10	右
^	按位异或	9	左
|	按位或	8	左
==、!=、>、>=、<=	比较运算符	7	左
is、not is	身份运算符	6	左

续表

运算符	说明	优先级	结合性
in、not in	成员运算符	5	左
not	逻辑非	4	右
and	逻辑与	3	左
or	逻辑或	2	左
=	赋值运算符	1	右

小　结

本章主要学习了Python编程的基本语法、变量的类型,介绍了数值变量及它的4种类型。另外本章具体讲解了Python的运算符和运算优先级。

习　题

一、选择题

1.下列哪个表达式在Python中是非法的?(　　)

A.x=y=z=1　　　　　　　　　　B.x=y=z+1

C.x,y = y,x　　　　　　　　　　D.x+=y

2.如何解释下面的执行结果?(　　)

```
print (1.2-1.0 == 0.2)    False
```

A.Python的实现有错误　　　　B.浮点数无法精确表示

C.布尔运算不能用于浮点数比较　D.Python将非0数视为False

3.下列代码运行结果是(　　)。

```
a = 'a'
b = 'b'
print (a>b or 'c')
```

A. a　　　　B.b　　　　C.c　　　　D.True　　　　E.False

4.下列语句的执行结果是(　　)。

```
a = 1
for i in range(5):
    if i == 2:
        break
    else:
        a+=1
print(a)
```

　　A.2　　　　　　　　　　B.3　　　　　　　C.4　　　　　　　D.1

二、简答题

1.Python单行注释和多行注释分别用什么?

2.声明变量注意事项有哪些?

三、编程题

1.编写如下代码,查看运行结果。

```
#!usr/bin/python3
print('网址: "{}!"'.format('ESZY', 'http://www.eszy.edu.cn/'))
print('{0} 和 {1}'.format('Google', 'ESZY'))
print('{1} 和 {0}'.format('Google', 'ESZY'))
print('{name}网址: {site}'.format(name='ESZY', site='http://www.eszy.edu.cn/'))
print('站点列表 {0}, {1}, 和 {other}。'.format('baidu', 'ESZY',other='Taobao'))
```

2.编写程序实现以下功能:

a.输入学生姓名;

b.依次输入学生的3门学科成绩;

c.计算该学生的平均成绩,并打印;

d.平均成绩保留一位小数点;

e.计算该学生语文成绩占总成绩的百分之多少? 并打印。

分析1:在输入成绩时,要考虑出现小数的情况,Python 3在使用时,input函数会把输入的内容转换成字符串格式,字符串不能进行乘除等数学运算,所以需要强制类型转换,将input('Chinese: ')写成float(input('Chinese: '))。

分析2:在计算成绩占比时,还会使用%.2f%%,"%.2f"表示浮点型,保留两位小数;其中"%%"表示显示"%"。

第3章

Python 流程控制

学习目标

知识目标

1. 了解 Python 的条件语句。

2. 理解 Python 中的循环语句。

能力目标

1. 能理解 Python 的流程控制语句。

2. 能完成猜拳游戏的代码编写。

3. 能完成登录实例的代码编写。

素质目标

1. 具有较好的信息检索能力。

2. 具有良好的思考和分析问题的能力。

3.1　简单条件语句

计算机在执行程序时,一般按语句出现的次序执行。但是,在实际应用中,很多情况需要根据条件来选择需要执行的语句。Python 编程语言中的判断语句是指通过判断给定条件语句的结果(真或者假)来决定后续执行的代码块。

3.1.1　了解条件语句

假设一个找工作的软件注册场景。想要注册一个账号必须做的一件事是什么? 为什么要把身份证输入系统? 是不是为了判断是否成年? 是不是成年即可注册成功? 如果不成年则不允许注册? 其实这个所谓的判断就是条件语句,即条件成立执行某些代码,条件不成立则不执行这些代码。

【例 3-1】注册账号。

需求分析:如果用户年龄大于等于 18 岁,即成年,并输出"已经成年,注册成功"。

```
age = 20
if age >= 18:
print('已经成年,注册成功')
print('系统关闭')
```

运行结果:

```
已经成年,注册成功
系统关闭
```

新增需求:用户可以输入自己的年龄,然后系统进行判断是否成年,成年则输出"您的年龄是'用户输入的年龄',已经成年,注册成功"。

```
# input 接受用户输入的数据是字符串类型,条件是 age 和整型 18 做判断,所以这里要 int 转换数据类型
age = int(input('请输入您的年龄:'))
if age >= 18:
print(f'您的年龄是{age},已经成年,注册成功')
print('系统关闭')
```

运行结果:

```
请输入您的年龄:18
您的年龄是18,已经成年,注册成功
系统关闭
```

3.1.2 if 语法

if语句的一般格式：

```
if 条件:
    条件成立执行的代码 1
    条件成立执行的代码 2
```

用一张图来描述if语句的执行流程，如图3-1所示。

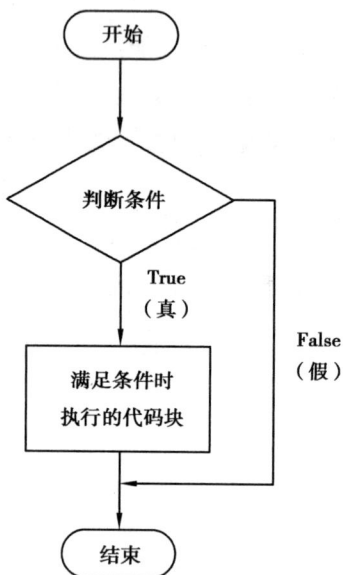

图3-1 if语句执行流程

```
if True:
    print('条件成立执行的代码 1')
    print('条件成立执行的代码 2')
# 下面的代码没有缩进到 if 语句块,所以和 if 条件无关
print('我是无论条件是否成立都要执行的代码')
```

运行结果：

```
条件成立执行的代码 1
条件成立执行的代码 2
我是无论条件是否成立都要执行的代码
```

3.2 多重条件语句

根据Python的判断规则,既然判断有真有假,当条件成立时,执行if后面的代码块;当条件不成立时,需要做的事情怎么办呢？可以使用if...else语句。

3.2.1　if...else

if...else 语句的一般格式：

```
if 条件:
    条件成立执行的代码 1
    条件成立执行的代码 2
    ...
else:
    条件不成立执行的代码 1
    条件不成立执行的代码 2
    ...
```

用一张图来描述 if 语句的执行流程，如图 3-2 所示。

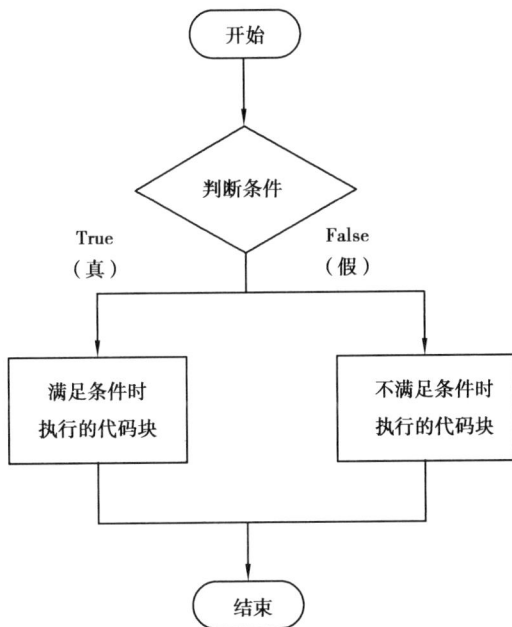

图 3-2　if-else 语句执行流程

作用：条件成立，则执行 if 下面的代码；条件不成立，则执行 else 下面的代码。

思考：注册账号的实例，如果成年则允许注册，如果不成年呢？是不是应该回复用户不能注册。

【例 3-2】注册账号。

```
age = int(input('请输入您的年龄:'))
if age >= 18:
print(f'您的年龄是{age},已经成年,注册成功')
else:
print(f'您的年龄是{age},未成年,未满 18 岁注册失败')
print('系统关闭')
```

运行结果：

请输入您的年龄:17
您的年龄是 17,未成年,未满 18 岁注册失败
系统关闭

注意:如果某些条件成立,执行了相关的代码,那么其他的情况的代码解释器根本不会执行。

3.2.2　多重判断

在很多情况下,供用户选择的操作有多种,例如判断企业用工情况,根据空气质量指数提供生活建议等。用程序语句实现时,就可以使用多分支结构进行处理。

对应的语法格式为:

```
if 条件表达式 1:
    语句块 1
elif 条件表达式 2:
    语句块 2
elif 条件表达式 3:
    语句块 3
    …
else:
    语句块 n
```

执行过程为:先判断条件表达式1,如果结果为真,则执行语句块1;否则判断条件表达式2,如果结果为真,则执行语句块2……只有在所有表达式都为假的情况下,才会执行else后面的语句块n。其结构流程图如图3-3所示。

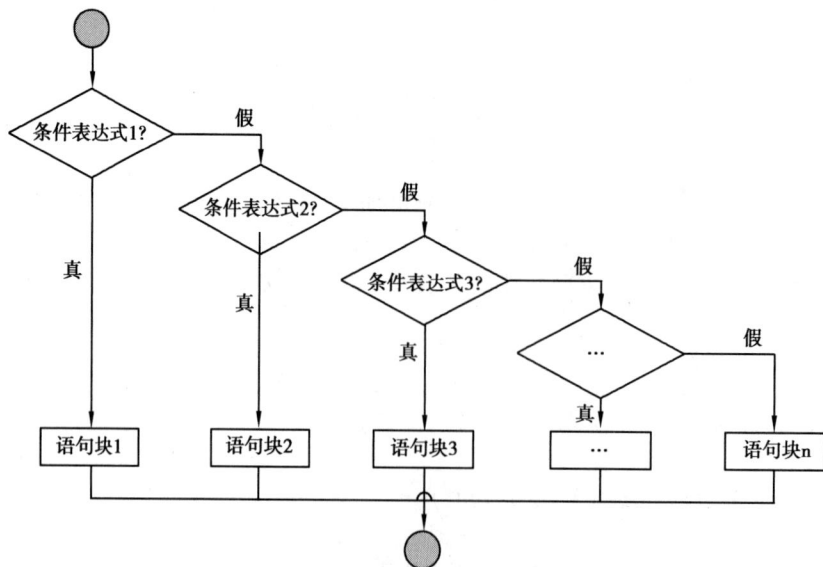

图3-3　多分支选择结构流程图

思考：中国的某个行业的合法工作年龄为16~60岁，即如果年龄小于16为童工，不合法；如果年龄在16~60岁为合法工龄；大于60岁为法定退休年龄。

语法运用如下：

```
if 条件1：
    条件1成立执行的代码1
    条件1成立执行的代码2
    ...
elif 条件2：
    条件1成立执行的代码1
    条件1成立执行的代码2
    ...
    ...
else:
    以上条件都不成立执行的代码
```

多重判断也可以和else配合使用。一般else放到整个if语句的最后，表示以上条件都不成立的时候执行的代码。

【例3-3】工龄判断。

```
age = int(input('请输入您的年龄：'))
if age <16:
    print(f'您的年龄是{age}，童工一枚')
elif age >= 16 and age <= 60:
    print(f'您的年龄是{age}，合法工龄')
elif age >60:
    print(f'您的年龄是{age}，可以退休')
```

程序的运行结果如图3-4所示。

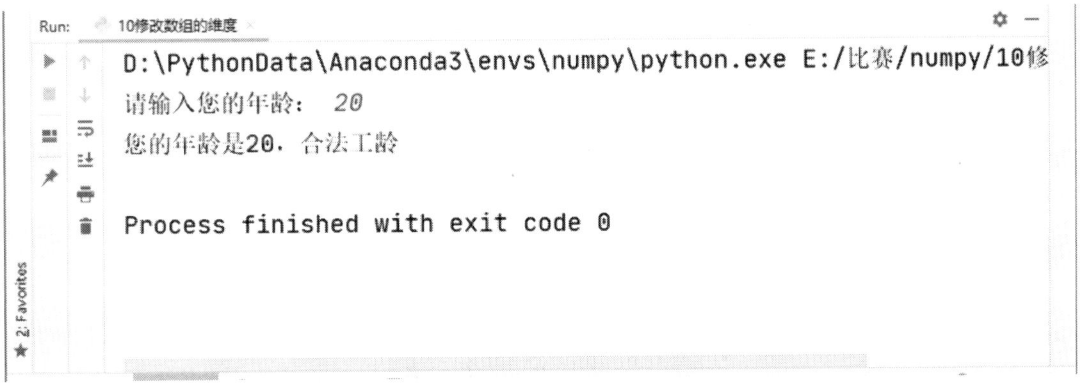

图3-4 工龄判断的运行结果

拓展：age >= 16 and age <= 60 可以化简为 16 <= age <= 60 。

【例3-4】根据空气质量指数进行生活建议。

空气质量指数(Air Quality Index, AQI)是根据空气中的各种成分占比,将监测的空气浓度简化为单一的概念性数值形式,它将空气污染程度和空气质量状况分级表示,适合于表示城市的短期空气质量状况和变化趋势。具体质量指数对应等级及相关建议见表3-1。

表3-1　空气质量指数对应等级及相关建议

AQI 数值	等级	生活建议
0~50	1级,优	空气清新,参加户外活动
51~100	2级,良	可以正常进行户外活动
101~150	3级,轻度污染	敏感人群减少体力消耗大的户外活动
151~200	4级,中度污染	对敏感人群影响较大,减少户外活动
201~300	5级,重度污染	所有人适当减少户外活动
>300	6级,严重污染	尽量不要留在户外

代码如下:

```
x=int( input("请输入 AQI 数值:"))
if x<0:
    print("输入错误! ")
else:
    if x<= 50:
        s = "1级,优,空气清新,参加户外活动 ."
    elif x<=100 :
        s = "2级,良,可以正常进行户外活动 ."
    elif x <=150:
        s = "3级,轻度污染,敏感人群减少体力消耗大的户外活动 ."
    elif x<=200:
        s = "4级,中度污染,对敏感人群影响较大,减少户外活动 ."
    elif x<= 300:
        s = "5级,重度污染,所有人适当减少户外活动 ."
    else:
        s ="6级,严重污染,尽量不要留在户外 ."
    print("空气质量为" +s)
```

运行结果:

```
请输入 AQI 数值:300
空气质量为 5 级,重度污染,所有人适当减少户外活动 .
```

3.2.3 if嵌套

思考:在乘坐公共交通时,如果有钱可以上车,没钱不能上车;上车后如果有空座,则可以坐下;如果没空座,就要站着。怎么实现呢?

语法如下:

```
if 条件1:
条件1成立执行的代码
条件1成立执行的代码
    if 条件2:
    条件2成立执行的代码
        条件2成立执行的代码
```

注意:条件2的if也是处于条件1的缩进关系内部。

【例3-5】利用学生卡乘坐公共交通。

判断是否能上车。

```
# 假设用student=1表示是学生,student=0表示不是学生
student= 1
if student== 1:
    print('学生卡,可以享受学生优惠')
else:
    print('非学生卡,不能享受优惠')
```

判断是否能坐下。

```
"""
1. 如果是学生,则可以享受优惠
2. 上车后,如果有空座,可以坐下
上车后,如果没有空座,则站着等空座位
如果没有学生卡,不能享受优惠
"""
# 假设用student=1表示是学生,student=0表示不是学生;seat=1表示有空座,seat=0表示没有空座
student= 1
seat = 0
if student== 1:
print('学生卡,可以享受学生优惠')
if seat == 1:
print('有空座,可以坐下')
else:
print('没有空座,站着')
else:
print('非学生卡,不能享受优惠')
```

3.2.4 三目运算符

三目运算符也称三元运算符或三元表达式。

判定条件 if 为真时的结果,判定条件 else 为假时的结果。

```
a = 1
b = 2
c = a-b if a >b else a+b
print(c)
```

即:如果 a>b 执行 a-b ,如果 a<b 执行 a+b。

3.3 猜拳游戏

需求分析:

参与游戏的角色

1 玩家

手动出拳

2 计算机

随机出拳

判断输赢:玩家获胜

玩家	计算机
石头	剪刀
剪刀	布
布	石头

平局

玩家出拳和计算机出拳相同

计算机获胜

随机做法:

①导出 random 模块。

import 模块名

②使用 random 模块中的随机整数功能。

random.randint(开始,结束)

```
"""
提示: 0-石头, 1-剪刀, 2-布
1. 出拳
```

```
玩家输入出拳
计算机随机出拳
2. 判断输赢
玩家获胜
平局
计算机获胜
"""
# 导入 random 模块
import random
# 计算计算机出拳的随机数字
computer = random.randint(0, 2)
print(computer)
player = int(input('请出拳: 0-石头，1-剪刀，2-布: '))
# 玩家胜利 p0:c1 或 p1:c2 或 p2:c0
if ((player ==0) and (computer ==1) or (player ==1) and (computer ==2) or(player ==
2) and (computer ==0)):
    print('玩家获胜')
# 平局:玩家 == 计算机
elif player == computer:
    print('平局')
else:
    print('计算机获胜')
```

运行结果：

```
1
请出拳: 0-石头，1-剪刀，2-布:2
计算机获胜
```

3.4　循环结构

如果需要重复执行某条或者某些指令，例如"中国诗词大赛"中的"飞花令"，选手要根据给定的关键字，在给定的时间内轮流背诵含有关键字的诗句，直至时间结束。重复执行类似动作就是循环结构。Python 提供两种循环结构语句：while 循环和 for...in 循环。前者根据条件返回值的情况决定是否执行循环体，后者采用遍历的形式指定循环范围。要更加灵活地操纵循环语句的流向，还需要使用 break，continue 和 pass 等语句。

3.4.1 while 循环

while循环也称为无限循环,是由条件控制的循环运行方式,一般用于循环次数难以提前确定的情况。while循环的语法格式为:

```
while 条件表达式:
    循环体
```

其中,"条件表达式"可以是任何非空或者非零的表达式,"循环体"可以是单条语句或语句块,方括号内的else子句可以省略。while循环结构流程图如图3-5所示。

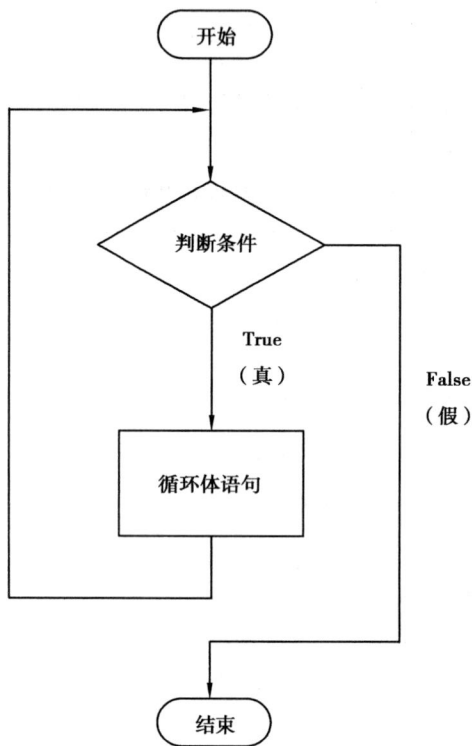

图3-5　while循环结构流程图

执行过程为先判断条件表达式,如果结果为真,则执行循环体,然后继续进行条件判断;否则循环结束。

3.4.2 while 的应用

(1)应用一:计算1~100累加和

算法分析:设计循环算法需要考虑循环三要素,即循环初值、结束条件以及增量(步长)。本例中,循环变量为i,初值为1,结束条件或者终值为100,步长为1。另外还需要一个变量存储累加值,其初值为0。对应的结构流程图如图3-6所示。

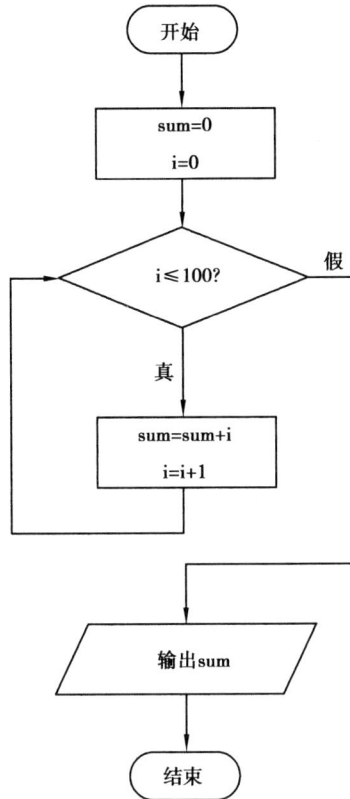

图3-6　求累加和结构流程图

代码(左)与结果(右)如下:

```
i = 1
sum = 0
while i <= 100:
    sum += i
    i += 1
# 输出5050
print(sum)
```

```
D:\untitled2\venv\Scripts\python3.exe D:/untitled2/test.py
5050

Process finished with exit code 0
```

注意:为了验证程序的准确性,可以先将数值改小,验证结果正确后,再改成1~100做累加。

(2)应用二:计算1~100偶数累加和

分析:1~100的偶数和,即2+4+6+8+…+100,得到偶数的方法如下。

偶数即跟2取余结果为0的数字。加入条件语句判断是否为偶数,为偶数则累加,初始值为0/2,计数器每次累加2。

方法一:条件判断和2取余数则累加。

```
# 方法一:条件判断和2取余数为0则累加计算
i = 1
result = 0
while i <= 100:
if i % 2 == 0:
    result += i
    i += 1
# 输出2550
print(result)
```

方法二:计数器控制。

```
# 方法二:计数器控制增量为2
i = 0
result = 0
while i <= 100:
    result += i
    i += 2
# 输出2550
print(result)
```

3.4.3 break 和 continue

break 和 continue 是循环中满足一定条件时,退出循环的两种不同方式。

举例:一共吃5个苹果,吃完第1个,吃第完2个……这里"吃苹果"的动作是不是重复执行?

情况一:如果在吃的过程中,吃完第3个吃饱了,则不需要再吃第4个和第5个苹果,即吃苹果的动作就停止了,这里就用break控制循环流程,即终止此循环。

情况二:如果在吃的过程中,吃到第3个发现苹果里面有个大虫子,这个苹果就不吃了,开始吃第4个苹果,这里就用continue控制循环流程,即退出当前一次循环继而执行下一次循环代码。

情况一:使用break控制循环。

代码(左)及结果(右)如下:

```
i = 1
while i <= 5:
if i == 4:
print(f'吃饱了不吃了')
break
print(f'吃了第{i}个苹果')
    i += 1
```

```
Run:   test    test
  ▶    D:\untitled2\venv\Scripts\python3.exe D:/untitled2/test.py
  ■ ↓  吃了第1个苹果
  ■ ⇄  吃了第2个苹果
  ▦ 芸  吃了第3个苹果
  ※ 亩  吃饱了不吃了
  ×
       Process finished with exit code 0
```

情况二:使用continue控制循环。

代码(左)及结果(右)如下:

```
i = 1
while i <= 5:
if i == 3:
print(f'大虫子,第{i}个不吃了')
# 在continue之前一定要修改计数
器,否则会陷入死循环
i += 1
continue
print(f'吃了第{i}个苹果')
i += 1
```

```
D:\untitled2\venv\Scripts\python3.exe D:/untitled2/test.py
吃了第1个苹果
吃了第2个苹果
大虫子,第3个不吃了
吃了第4个苹果
吃了第5个苹果

Process finished with exit code 0
```

3.5 while循环嵌套

3.5.1 while循环嵌套

为了养成每天按时吃饭的习惯,到饭点程序就提醒你"该吃饭了",这个程序该怎么写?但一位朋友还说:不仅要按时吃饭,还要加强锻炼,这个程序怎么书写?

```
while 条件:
    print('该吃饭了')
    print('加强锻炼')
```

如果你计划要连续坚持一周都执行,又如何书写程序?

```
while 条件:# 7天
    while 条件:
        print('该吃饭了')
print('加强锻炼')
```

循环嵌套的语法如下:

```
while 条件1:
    条件1成立执行的代码
    ...
        while 条件2:
            条件2成立执行的代码
            ...
```

总结:所谓while循环嵌套,就是一个while里嵌套一个while的写法,每个while和之前的基础语法是相同的。

3.5.2 快速体验：复现场景

(1)代码实现

代码(左)及结果(右)如下：

```
j = 0
while j <7:#天数
    i = 0
    while i <3:# 一天提醒三次,早中晚
        print('该吃饭了')
        i += 1
    print('你还要加强锻炼哦！')
# 一天刷一次
    print(f'第{j+1}天锻炼结束----------------')
    j += 1
```

```
C:\Users\LeeJian\Desktop\pythonProject\venv\Scripts\python.exe
该吃饭了
该吃饭了
该吃饭了
你还要加强锻炼哦！
第1天锻炼结束----------------
该吃饭了
该吃饭了
该吃饭了
你还要加强锻炼哦！
第2天锻炼结束----------------
该吃饭了
该吃饭了
该吃饭了
你还要加强锻炼哦！
第3天锻炼结束----------------
该吃饭了
                        ...
```

(2)理解执行流程

当内部循环执行完成之后,再执行下一次外部循环的判断条件,如图3-7所示。

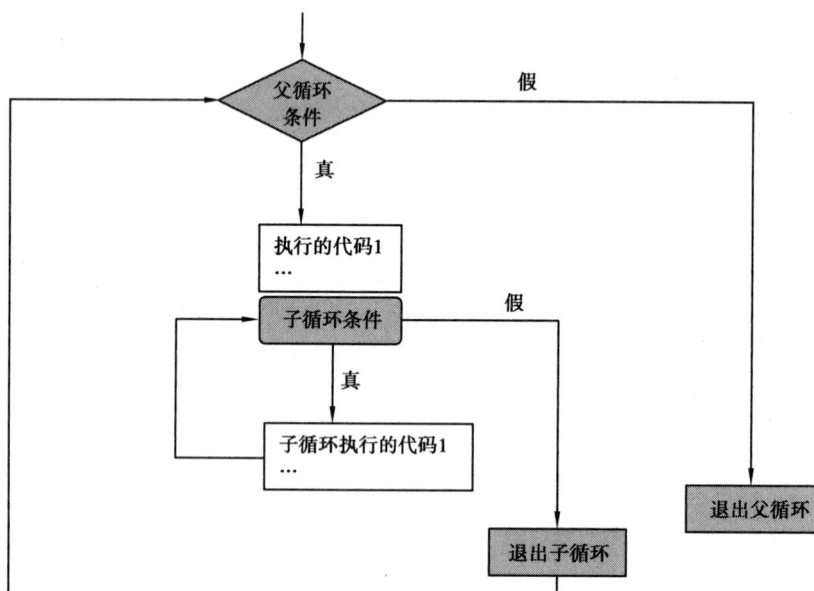

图3-7 循环执行流程

3.6　while循环嵌套应用

(1)打印星号(长方形)

编写程序代码,按如下提示图形打印。

```
*****
*****
*****
*****
*****
```

分析:一行输出5个星号,重复打印5行。

代码(左)及结果(右)如下:

```
# 重复打印5行星星
j = 0
while j <= 4:  # 外层循环控
制行数
# 星星的打印
    i = 0
    while i <= 4:# 内层循环
控制星星数
# 内层的星星不能换行,取消
print默认结束符\n
        print('*', end='')
        i += 1
# 每行结束要换行,利用print
默认结束符换行
    print()
    j += 1
```

```
D:\untitled2\venv\Scripts\python3.exe D:/untitled2/test.py
*****
*****
*****
*****
*****

Process finished with exit code 0
```

(2)打印星号(三角形)

编写程序代码,按如下提示图形打印。

```
*
**
***
****
*****
```

分析:一行输出星星的个数和行号是相等的。每行重复打印行号数个星号,将打印行星号的命令重复执行5次实现打印5行。

代码(左)及结果(右)如下：

```
# j表示行号
j = 1
while j <= 5: # 行数:
    #星星的打印
    i = 1
# i表示每行星星的个数,这个数字
要和行号相等 所以i要和j联动
    while i <= j:
        print('*', end= '')
# 内层的星星不能换行,取消
print默认结束符\n
        i += 1 #
    print()# 每行星星输完后要
换行
    j += 1# 行数加1
```

```
D:\untitled2\venv\Scripts\python3.exe D:/untitled2/test.py
*
**
***
****
*****

Process finished with exit code 0
```

(3)九九乘法表

代码：

```
# 重复打印九九乘法表
j = 1
while j <= 9:# j 行数
    # 打印的表达式 a * b = a*b
    i = 1# 列数中第一个乘数
    while i <= j: # 内层控制行
        print(f'{i}*{j}={j*i}', end='\t')#行数j有关
        i += 1
    print()
    j += 1
```

执行结果如图3-8所示。

```
1*1=1
1*2=2    2*2=4
1*3=3    2*3=6    3*3=9
1*4=4    2*4=8    3*4=12    4*4=16
1*5=5    2*5=10   3*5=15    4*5=20    5*5=25
1*6=6    2*6=12   3*6=18    4*6=24    5*6=30    6*6=36
1*7=7    2*7=14   3*7=21    4*7=28    5*7=35    6*7=42    7*7=49
1*8=8    2*8=16   3*8=24    4*8=32    5*8=40    6*8=48    7*8=56    8*8=64
1*9=9    2*9=18   3*9=27    4*9=36    5*9=45    6*9=54    7*9=63    8*9=72    9*9=81
```

图3-8　程序运行结果

3.7 登录实例

实现如下功能如图3-9所示。

①输入用户名、密码。

②输入正确,输出欢迎登录。

③当输入用户名和密码错误小于3次,提示用户名或者密码错误。

④再次输入用户名和密码,显示剩余输入次数。

⑤当输入密码错误3次后自动退出。

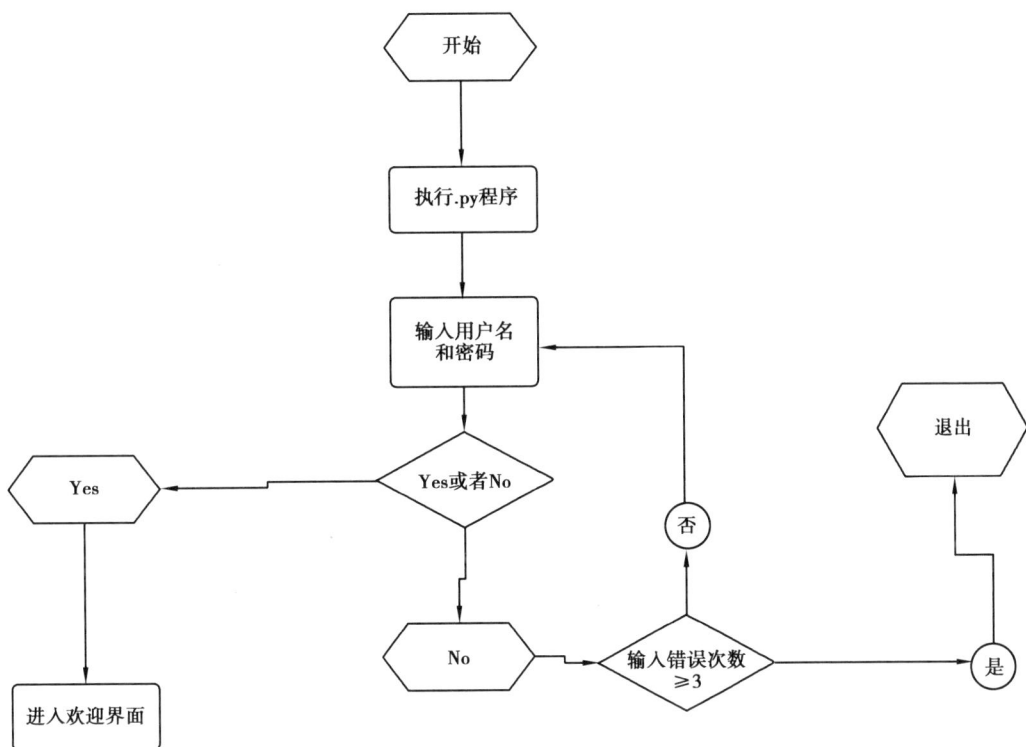

图3-9 登录判断流程图

代码实现:

```python
# 初始化名的密码
user = "001"
password = "admin"
count = 0;# 次数
while count < 3:
    username = input("请输入用户名:")
    password = input("请输入密码:")
    if username == user and password == password:
        print("欢迎进入本系统")
```

```
            count = 3
        else:
            print("用户名密码或密码错误！请重新输入！")
            count += 1
            if count == 3 :
                break
        print("你还有", 3 - count, "次机会")
        print("++++++++++++++++++++++++")
```

3.8　循环与else配合使用

3.8.1　for语法

for语法如下：

```
for 临时变量 in 序列：
    重复执行的代码1
    重复执行的代码2
```

快速体验

```
str1 = 'welcome to ENSHI'
for i in str1:
    print(i)
```

3.8.2　while...else的使用

循环可以和else配合使用，else下方缩进的代码指的是当循环正常结束之后要执行的代码。

需求：张三为了锻炼自己的自控力，每周花5天时间坚持学习，以养成爱学习的习惯。连续学习时输出"我爱学习"，如果本周学习时间满足5天，就输出"学习目标达成"。

代码（左）及结果（右）如下：

代码	结果

`i = 1`
`while i <= 5:`
`    print('我爱学习')`
`    i += 1`
`print('学习目标达成')`
	C:\Users\LeeJian\Desktop\pythonProject\venv\Scripts\python.exe
	我爱学习
	我爱学习
	我爱学习
	我爱学习
	我爱学习
	学习目标达成
	
	Process finished with exit code 0

思考：最后这个学习目标达成，是不是没有循环也能执行？ 也就是说，没有完成5天的学习内容也能达成？ 如何解决这个问题，就要使用while...else。

(1)语法

```
while 条件:
    条件成立重复执行的代码
else:
    循环正常结束之后要执行的代码
```

(2)示例

代码(左)及结果(右)如下:

代码	结果

``
i = 1
while i <= 5:
    print('我爱学习')
    i += 1
else:
    print('学习目标达成')
``
	``
	C:\Users\LeeJian\Desktop\pythonProject\venv\Scripts\python.exe
	我爱学习
	我爱学习
	我爱学习
	我爱学习
	我爱学习
	学习目标达成
	``

3.8.3　退出循环的方式

需求:如果其中有一天学习目标没有达成,学习到第三天的时候,同学因为要参加军训没办法完成当天的学习任务,是不是就是要退出循环了? 这个退出有两种可能性:

①强制结束本周学习任务。

②当天的学习内容很简单,张三以前就学习过,并且能熟练掌握学习内容,次日可以继续学习。

(1)break 关键字

代码(左)及结果(右)如下:

代码	结果

``
i = 1
while i <= 5:
    if i == 3:
        print('今天学习任务
没有完成,学习任务强制结束了')
        break
    print('我爱学习')
    i += 1
else:
    print('学习任务达成')
``
	``
	C:\Users\LeeJian\Desktop\pythonProject\venv\Scripts\python.exe
	我爱学习
	我爱学习
	今天学习任务没有完成,学习任务强制结束了
	
	Process finished with exit code 0
	``

(2)continue 关键字

代码(左)及结果(右)如下:

```
i = 0
while i < 5:
    i += 1
    if i == 3:
        print('今天学习任务没
有完成,学习任务强制结束了')
        continue
    print('我爱学习')
else:
    print('学习任务达成')
```

```
C:\Users\LeeJian\Desktop\pythonProject\venv\Scripts\python.exe
我爱学习
我爱学习
今天学习任务没有完成,学习任务强制结束了
我爱学习
我爱学习
学习任务达成

Process finished with exit code 0
```

因为continue是退出当前一次循环,继续下一次循环,所以该循环在continue控制下是可以正常结束的,当循环结束后,则执行了else缩进的代码。

3.8.4 for...else 的使用

(1)语法

```
for 临时变量 in 序列:
    重复执行的代码
    ...
else:
    循环正常结束之后要执行的代码
```

所谓else指的是循环正常结束之后要执行的代码,即如果是break终止循环的情况,else下方缩进的代码将不执行。

(2)示例

```
str1 = "hbeszy"
for i in str1:
    print(i)
else:
    print('循环正常结束之后执行的代码')
```

(3)退出循环的方式

代码(左)及结果(右)如下:

```
str1 = "hbeszy"
for i in str1:
    if i == 'e':
        print('遇到e不打印')
        break
    print(i)
else:
    print('循环正常结束之后执行的代码')
```

```
D:\untitled2\venv\Scripts\python3.exe [
h
b
遇到e不打印
```

没有执行else缩进的代码。

(4)continue 控制循环

``
str1 = "hbeszy"
for i in str1:
    if i == 'e':
        print('遇到e不打印')
        continue
    print(i)
else:
    print('循环正常结束之后执行的代码')
``
	``
	D:\untitled2\venv\Scripts\python3.exe
	h
	b
	遇到e不打印
	s
	z
	y
	循环正常结束之后执行的代码
	``

小　结

本章节介绍了判断语句、循环语句和 Python 常用的其他语句。判断语句主要有：if 语句、if...else 语句和 if...elif 语句。循环语句主要有：while 循环、for 循环。break 语句可以在循环过程中直接退出循环，而 continue 语句可以提前结束本轮循环，并直接开始下一轮循环。这些语句在以后的编程开发中使用频率非常高，需要熟练掌握。

习　题

一、填空题

1.if 语句中满足判断条件要执行多行代码用(　　)表示同一范围的代码块。

2.判断语句中有多个条件需要判断使用(　　)语句。

3.在循环体中，想要跳过本次循环，重新开始下一次循环使用(　　)语句。

二、编程题

1.用 while 循环结构打印数字 1 到 10。

2.编程判断输入的一个数是否为素数。

第4章

字符串

学习目标

知识目标

1.认识字符串。

2.了解下标的使用方法。

3.切片的操作。

4.字符串的常用操作(查找、判断、修改)。

能力目标

1.掌握切片的操作。

2.掌握字符串的常用操作(查找、判断、修改)。

素质目标

1.具有较好的信息检索能力。

2.具有良好的思考和分析问题的能力。

4.1 认识字符串

在 Python 中,字符串属于不可变有序序列,使用单引号、双引号、三单引号或三双引号作为定界符,并且不同的定界符之间可以互相嵌套。下面几种都是合法的 Python 字符串:

'abc'、'123'、'中国'、'Python'。

除了支持序列的通用方法(包括双向索引、比较大小、计算长度、元素访问、切片、成员测试等操作)以外,字符串类型还支持一些特有的操作方法,例如字符串格式化、查找、替换等。

除了支持 Unicode 编码的 str 类型之外,Python 还支持字节串类型 bytes,str 类型的字符串可以通过 encode()方法,使用指定的字符串编码格式编码成为 bytes 对象,而 bytes 对象则可以通过 decode()方法,使用指定编码格式解码成为 str 字符串。

最早的字符串编码是美国标准信息交换码 ASCII,仅对 10 个数字、26 个大写英文字母、26 个小写英文字母及一些其他符号进行了编码。ASCII 码采用 1 个字节来对字符进行编码,最多只能表示 256 个符号。

GB2312 是我国制定的中文编码,使用 1 个字节表示英语,2 个字节表示中文;GBK 是 GB2312 的扩充,而 CP936 是微软在 GBK 基础上开发的编码方式。GB2312、GBK 和 CP936 都是使用 2 个字节表示中文。

UTF-8 对全世界所有国家需要用到的字符进行了编码,以 1 个字节表示英语字符(兼容 ASCII),以 3 个字节表示中文,还有些语言的符号使用 2 个字节(例如俄语和希腊语符号)或 4 个字节。

不同编码格式之间的差异很大,采用不同的编码格式意味着不同的表示和存储形式,把同一字符存入文件时,写入的内容可能会不同,在试图理解其内容时必须了解编码规则并进行正确的解码。如果解码方法不正确就无法还原信息,从这个角度来讲,字符串编码也具有加密的效果。

字符串是 Python 中最常用的数据类型。一般使用引号来创建字符串。创建字符串很简单,只要为变量分配一个值即可。

```
a = 'hello world'
b = "abcdefg"
print(type(a))
print(type(b))
```

注意:控制台显示结果为 <class 'str'> ,即数据类型为 str(字符串)。

字符串可以使用单引号、双引号、三引号,只要成对即可。字符串中的内容几乎可以包含任何字符,英文字符可以,中文字符也行。至于字符串是用单引号括起来,还是用双引号括起来,在 Python 语言中,它们没有任何区别。比如说:

```
Username1 = 'Tom'
username2= "Rose"
```

71

三引号字符串：

```
Username3 = ''' Tom '''
Username4 = """ Rose """
a = ''' i am Tom,
    nice to meet you! '''
b = """ I am Rose,
        nice to meet you! """
print(a)
```

注意：三引号形式的字符串支持换行。

思考：单引号比较特殊，因为在英文中很多语法是缩写的，比如"what's your name?"这句话，如果是采用单引号字符串的话，就会出错。

```
# 双引号#
s1="what's your name? "
# 单引号加转义字符#
s2= 'what\'s your name? '
print(s1)
print(s2)
```

(1)字符串输出

字符串输出有%s和f两种格式。

代码(左)及结果(右)如下：

```
print('hello world')
name = 'Tom'
print('我的名字是%s' % name)
print(f'我的名字是{name}')
```

```
D:\untitled2\venv\Scripts\python3.exe
hello world
我的名字是Tom
我的名字是Tom
```

(2)字符串输入

在Python中，使用input()来接收用户的输入。

代码如下：

```
name = input('请输入您的名字:')
print(f'您输入的名字是{name}')
print(type(name))
password = input('请输入您的密码:')
print(f'您输入的密码是{password}')
print(type(password))
```

4.2　下　标

4.2.1　下标的使用方法

"下标"又称"索引",就是编号,就好比超市中存储柜的编号,通过这个编号就能找到相应的存储柜,字符串实际上就是字符的数组,也支持下标索引。

如果想取出存储柜的物品,通过编号可以快速找到。同理,下标的作用就是通过下标快速找到对应的数据。

4.2.2　快速体验

需求:字符串 name = "zhang" ,取到不同下标对应的数据。

代码(左)及结果(右)如下:

name = "zhang" print(name[1]) print(name[0]) print(name[2])	h z a

注意:下标从0开始,如图4-1所示。

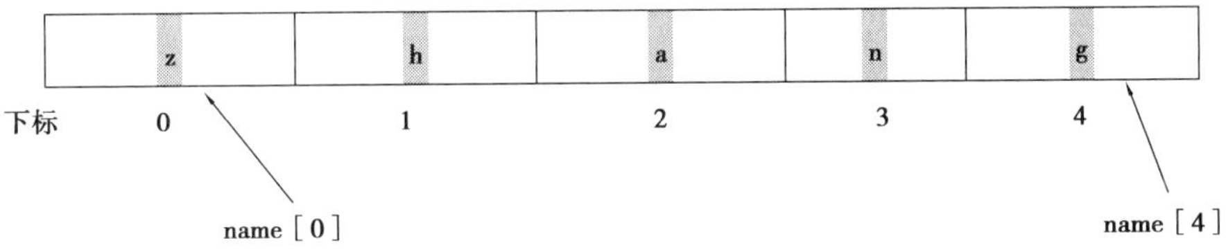

图4-1　下标

4.2.3　获取单个字符

知道字符串名字后,在"[ ]"中使用索引即可访问对应的字符,具体的语法格式为:

```
strname[index]
```

注意:strname 表示字符串名字,index 表示下标。

Python 允许从字符串的两端使用索引:正索引和负索引两部分。

以字符串对象 str = "123456789"为例。如图4-2所示。

①当以字符串的左端(字符串的开头)为起点时,索引是从0开始计数的;字符串的第一个字符的索引为0,第二个字符的索引为1,第三个字符串的索引为2,以此类推。

②当以字符串的右端(字符串的末尾)为起点时,索引是从-1开始计数的;字符串的倒数第一个字符的索引为-1,倒数第二个字符的索引为-2,倒数第三个字符的索引为-3,以此类推。

图4-2　正负索引

请看下面的实例：

```
url= 'http://www.eszy.edu.cn'
#获取索引为 11 的字符:e
print(url[11])
#获取索引为 6 的字符:e
print(url[-6])
```

获取单个字符：strname[index]。

①当以字符串的左端(字符串的开头)为起点时，索引是从0开始计数。

②当以字符串的右端(字符串的末尾)为起点时，索引是从–1开始计数。

4.3　切　片

4.3.1　切片简介

在利用Python解决各种实际问题的过程中，经常会遇到从某个对象中抽取部分值的情况，切片操作正是专门用于完成这一操作的有力武器。理论上，只要条件表达式得当，可以通过单次或多次切片操作，实现任意切取目标值。切片操作的基本语法比较简单，但如果不彻底搞清楚内在逻辑，也极易产生错误，而且这种错误有时比较隐蔽，难以察觉。切片是指对操作的对象截取其中一部分进行操作。字符串、列表、元组都支持切片操作。

4.3.2　切片语法

前面讲过使用"[ ]"除了可以获取单个字符外，还可以指定一个范围来获取多个字符，也就是切片操作，具体格式为：

```
strname[start : end : step]
```

对各个部分的说明：

①strname：要截取的字符串。

②start：表示要截取的第一个字符所在的索引(截取时包含该字符)。如果不指定，默认为0，也就是从字符串的开头截取。

③end：表示要截取的最后一个字符所在的索引(截取时不包含该字符)。如果不指定，默认为字符串的长度。

④step:表示从start索引处的字符开始,每个step距离获取一个字符,直至end索引处的字符。step默认值为1,当省略该值时,最后一个冒号也可以省略。

【例4-1】切片基本用法。

```
url = 'www.eszy.edu.cn'
# 获取索引从 4 到 8(不包含 8)的子串,从零开始到 15(不包括)
print(url[4: 8]) # 输出 eszy
# 获取索引从 4 到-7 的子串
print(url[4: -7]) # 输出 eszy
# 获取索引从-11 到-7 的子串
print(url[-11: -7]) # 输出 eszy
# 从索引 2 开始,每隔 2 个字符取出一个字符,直到索引 11 为止
print(url[2: 11: 2]) # 输出:wez.d
```

【例4-2】高级用法:start、end、step 3个参数都可以省略。

```
url = 'www.eszy.edu.cn'
# 获取从索引 5 开始,直到末尾的子串 0 1 2 3 4 5 第五个正好是 5
print(url[5: ]) #  输出;szy.edu.cn
# 获取从索引-6 开始,直到末尾的子串
print(url[-6: ])# edu.cn
# 从开头截取字符串,直到索引 7 为止   不包括 7
print(url[: 7]) # www.esz
# 每隔 3 个字符取出一个字符
print(url[:: 3]) #w.ze
```

总结:切片是指对操作的对象截取其中一部分的操作。

4.4 字符串常用操作——查找

4.4.1 查　找

字符串查找方法即是查找子串在字符串中的位置或出现的次数。子串是字符串中的一部分连续的字符。

要查找什么:

①查找字符串是否存在。

②查找子串在字符串中的位置,就是字符串的索引,即子串的第一个字符的索引。

③查找子串在字符串中出现的次数。

表4-1列举了常用的查找函数。

表4-1　常用的查找函数

函数	功能用途
count	计数功能,返回指定字符在字符串当中的个数
find	查找,返回从左第一个指定字符的索引,找不到返回-1
rfind	查找,返回从右第一个指定字符的索引,找不到返回-1
index	查找,返回从左第一个指定字符的索引,找不到报错
rindex	查找,返回从右第一个指定字符的索引,找不到报错

4.4.2　count 函数

(1)作用

计算指定的字符在字符串里出现的次数有多少。

(2)语法

```
count (sub, start=None, end=None)
```

①当一个字符串调用它时,用来计算 sub 在字符串中出现的次数。

②参数 sub 是子串。

③默认参数 start 和 end,是规定计算开始和结束的索引范围。

注意:返回值为整数,查不到结果为 0。

(3)快速体验

```
mystr = "hello world and hbes and hbeszy and Python"
print(mystr.count('and')) # 3
print(mystr.count('ands')) # 0
print(mystr.count('and', 0, 20)) # 1
```

4.4.3　find 函数

(1)作用

检测某个子串是否包含在这个字符串中,如果在,则返回这个子串开始位置的下标,否则返回-1。

(2)语法

```
find(sub, start=None, end=None)
```

①参数 sub 是要查找的子串。

②默认参数 start 和 end,是查找 sub 开始和结束的索引范围。如果不写,是查整个字符串。

③当一个字符串调用它时,它用来检测 sub 是否在字符串中。如果在字符串中就返回子

串开始的索引下标,如果没有就返回-1。

④从字符串的左边开始查找,找到第一个就返回。

(3)快速体验

```
mystr = "hello world and hbes and hbeszy and Python"
print(mystr.find('and')) # 12 从零开始到 12 正好是 a
print(mystr.find('and', 15, 30)) # 21 a 正好是 21
print(mystr.find('ands')) # -1 没找到返回-1
```

注意:从它的返回结果来看,不管是否找到子串都返回一个结果,如果在字符串中就返回子串开始的索引下标,如果没有就返回-1。

4.4.4 index 函数

(1)作用

检测某个子串是否包含在这个字符串中,如果在,则返回这个子串开始位置的下标,否则报异常。

(2)语法

```
index (sub, start=None, end=None)
```

①当一个字符串调用它时,它用来检测sub在字符串中第一出现的位置。

②参数 sub 是要查找的子串。

③默认参数 start 和 end,是查找 sub 开始和结束的索引范围。如果不写,是整个字符串。

④返回子串的索引下标,如果写错就引发一个错误 ValueError: substring not found。

⑤index 是从字符串的左边开始查找。

注意:从第④来看,应明确知道子串确实存在于字符串中,这是和find的最大区别。

(3)快速体验

```
mystr = "hello world and hbes and hbeszy and Python"
print(mystr.index('and')) # 12
print(mystr.index('and', 15, 30)) # 21
print(mystr.index('ands')) # 报错
```

rfind()和find()功能相同,但查找方向为右侧开始。rindex()和index()功能相同,但查找方向为右侧开始。

4.5 字符串常用操作——判断

4.5.1 常用判断方法

所谓判断即判断真假,返回的结果是布尔型数据类型:True 或 False。Python常用的判断函数见表4-2。

表4-2　常用的判断函数

函数	功能用途
isalnum	判断字符串是否完全由字母或数字组成
isalpha	判断字符串是否完全由字母组成
isdigit	判断字符串是否完全由数字组成
isupper	判断字符串中的字母是否完全是大写
islower	判断字符串中的字母是否完全是小写
istitle	判断字符串是否满足title格式
isspace	判断字符串是否完全由空格组成
startswith	判断字符串的开头字符,也可以截取判断
endswith	判断字符串的结尾字符,也可以截取判断
split	判断字符串的分隔符切片

4.5.2　isalnum 函数

字符串至少有一个字符并且所有字符都是字母或数字,如果是则返回True,否则返回False。

```
mystr1 = 'aaa12345'
mystr2 = '12345-'
print(mystr1.isalnum())# 结果:True
print(mystr2.isalnum())# 结果:False
```

4.5.3　isspace 函数

字符串中是否只包含空白,如果是则返回True,否则返回False。

```
mystr1 = '1 2 3 4 5'
mystr2 = ' '
print(mystr1.isspace())# 结果:False
print(mystr2.isspace())# 结果:True
```

4.5.4　isdigit 函数

字符串是否只包含数字,如果是则返回True,否则返回False。

```
mystr1 = 'aaa12345'
mystr2 = '12345'
print(mystr1.isdigit())# 结果: False
print(mystr2.isdigit())# 结果:True
```

4.5.5 salpha 函数

字符串至少有一个字符并且所有字符都是字母,如果是则返回 True,否则返回 False。

```
mystr1 = 'hello'
mystr2 = 'hello12345'
print(mystr1.isalpha())# 结果:True
print(mystr2.isalpha())# 结果:False
```

4.5.6 startswith 函数

检查字符串是否以指定字串开头,如果是则返回 True,否则返回 False。如果设置开始和结束位置下标,则在指定范围内检查。

(1)语法

```
字符串序列 .startswith(子串,开始位置下标,结束位置下标)
```

(2)快速体验

```
mystr = "hello world and hbes and hbeszy and Python "
print(mystr.startswith('hello'))# 结果:True
print(mystr.startswith('hello', 5, 20))# 结果:False
```

4.5.7 endswith 函数

检查字符串是否以指定子串结尾,如果是则返回 True,否则返回 False。如果设置开始和结束位置下标,则在指定范围内检查。

(1)语法

```
字符串序列 .endswith(子串, 开始位置下标, 结束位置下标)
```

(2)快速体验

```
mystr = "hello world and hbes and hbeszy and Python"
print(mystr.endswith('Python'))# 结果:True
print(mystr.endswith('python'))# 结果:False
print(mystr.endswith('Python', 2, 20))# 结果:False
```

4.6 字符串常用操作——修改

所谓修改字符串,就是通过函数的形式修改字符串中的数据。

4.6.1　replace 函数

(1)描述

返回字符串中的 old(旧字符串) 替换成 new(新字符串)后生成的新字符串,如果指定第三个参数 max,则替换不超过 max 次。

(2)语法

```
str.replace(old, new[, max])
```

参数:

old——将被替换的子字符串。

new——新字符串,用于替换 old 子字符串。

max——可选字符串,替换不超过 max 次。

(3)快速体验

```
mystr = "hello world and hbes and hbeszy and Python"
# 结果:hello world he hbes he hbeszy he Python
print(mystr.replace('and', 'he'))
# 结果:hello world he hbes and hbeszy and Python
print(mystr.replace('and', 'he', 1)) #替换不超过 1 次
# 结果:hello world and hbes and hbeszy and Python
print(mystr)
```

4.6.2　split 函数

(1)描述

split() 通过指定分隔符对字符串进行切片,如果参数 num 有指定值,则分隔 num+1 个子字符串。

(2)语法

```
str.split(str="", num=string.count(str)).
```

参数:

str——分隔符,默认为所有的空字符,包括空格、换行(\n)、制表符(\t)等。

num——分割次数。默认为−1,即分隔所有。

返回值——返回分割后的字符串列表。

(3)快速体验

```
mystr = "hello world and hbes and hbeszy and Python"
# 结果:['hello world ', ' hbes ', ' hbeszy ', ' Python']
print(mystr.split('and'))
# 结果:['hello world ', ' hbes ', ' hbeszy and Python']
print(mystr.split('and', 2))# 只分隔两个
# 结果:['hello', 'world', 'and', 'hbes', 'and', 'hbeszy', 'and', 'Python']
print(mystr.split(' '))
# 结果:['hello', 'world', 'and hbes and hbeszy and Python']
print(mystr.split(' ', 2))
```

4.6.3　join 函数

(1)描述

用于将序列中的元素以指定的字符连接生成一个新的字符串。

(2)语法

```
'sep'.join(str)
```

参数

sep——分隔符(, . - 等),可以为空。

str——要连接的元素序列、字符串、元组、字典。

以 sep 为分隔符,将 seq 中的所有元素合并成一个新的字符串。

返回值——返回一个以分隔符 sep 连接各个元素后生成的字符串。

(3)快速体验

```
list1 = ['hb', 'es', 'zy', 'gao']
t1 = ('aa', 'bb', 'cc', 'dd')
# 结果:hb_es_zy_gao
print('_'.join(list1))
# 结果:aa...bb...cc...dd
print('...'.join(t1))
```

4.7　字符串常用操作——其他函数

①capitalize():将字符串第一个字符转换成大写。

```
= "hello world and hbes and hbeszy and Python"
# 结果:Hello world and hbes and hbeszy and python
print(mystr.capitalize())
```

注意:capitalize()函数转换后,只有字符串第一个字符大写,其他的字符全都小写。

②title():将字符串每个单词的首字母转换成大写。

```
mystr = "hello world and hbes and hbeszy and Python"
# 结果:Hello World And Hbes And Hbeszy And Python
print(mystr.title())
```

③lower():将字符串中的大写转小写。

```
mystr = "hello world and hbes and hbeszy and Python"
# 结果:hello world and hbes and hbeszy and python
print(mystr.lower())
```

④upper():将字符串中小写转大写。

```
mystr = "hello world and hbes and hbeszy and Python"
# 结果:HELLO WORLD AND HBES AND HBESZY AND PYTHON
print(mystr.upper())
```

⑤lstrip():删除字符串左侧空白字符。

```
mystr = "    hello world and hbes and hbeszy and Python"
# 结果:hello world and hbes and hbeszy and Python
print(mystr.lstrip())
```

⑥rstrip():删除字符串右侧空白字符。

```
mystr = "    hello world and hbes and hbeszy and Python    "
# 结果:空格原样输出 world and hbes and hbeszy and Python
print(mystr.rstrip())
```

⑦strip():删除字符串两侧空白字符。

```
mystr = "    hello world and hbes and hbeszy and Python    "
# 结果:world and hbes and hbeszy and Python
print(mystr.strip())
```

⑧ljust():返回一个原字符串左对齐,并使用指定字符(默认空格)填充至对应长度的新字符串。

字符串序列.ljust(长度,填充字符)

```
mystr = "hello"
# 结果:hello.....
print(mystr.ljust(10,'.'))
# 结果:hello 空格
print(mystr.ljust(10))
```

⑨rjust():返回一个原字符串右对齐,并使用指定字符(默认空格)填充至对应长度的新字符串,语法和ljust()相同。

```
mystr = "hello"
# 结果:.....hello
```

```
print(mystr.rjust(10,'.'))
# 结果:空格hello
print(mystr.rjust(10))
```

⑩center():返回一个原字符串居中对齐,并使用指定字符(默认空格)填充至对应长度的新字符串,语法和ljust()相同。

```
mystr = "hello"
# 结果:..hello...
print(mystr.center(10,'.'))
# 结果:空格hello空格
print(mystr.center(10))
```

小　结

本章主要学习了字符串的定义、输入和输出。详细讲解了格式化输出字符串的几种方式。另外,本章详细讲解了字符串的内建函数对字符串进行查找、分割、修改等操作。

习　题

1.Python中字符串格式化使用哪些符号?

2.分析以下代码所实现的功能,并写出运行结果。

```
delimiter = ','
mylist = ['Brazil', 'Russia', 'India', 'China']
print(delimiter.join(mylist))
```

3.编写一个函数,以字符串作为输入,反转字符串中的元音字母。

示例:

输入:"hello"

输出:"holle"

第5章

列表和元组

学习目标

知识目标

1.理解列表的语法规则和使用方法。

2.理解列表的循环遍历方法。

3.理解列表嵌套的使用方法。

4.理解元组的语法规则和使用方法。

能力目标

1.掌握列表的使用。

2.掌握元组的使用。

3.使用列表实现用户登录。

素质目标

1.培养学生编写优雅代码的习惯和意识。

2.具有良好的思考和分析问题的能力。

5.1　列表简介

思考：如何记录学生的基本信息呢（包括名字、性别、年龄）？

答：定义变量name=张三丰，sex=男，age=18

思考：如果一个班级48位学生，每个人的姓名都要存储，应该如何书写程序？难道要声明48个变量吗？

答：列表即可。列表一次性可以存储多个数据。列表既是Python中最基本的数据结构，又是最常用的数据类型。可以把列表看作一张大的表格，表格中的每个元素都分配一个数字来对应位置，第一个索引是0，第二个索引是1，依此类推。创建一个列表，只要把逗号分隔的不同的数据项，使用方括号括起来即可。如下所示，创建一个stu列表，第0、1、2个元素分别是一个人的名字、性别、年龄。

```
stu=['张三丰','男',18 ]
```

从上面的例子可以看出，列表的数据项不需要具有相同的类型，可以存储丰富的信息。对于列表的其他特性，接下来将进行详细的学习。

5.1.1　列表格式

列表是最常用的Python数据类型之一，一个列表中的数据类型可以各不相同，可以同时为整数、实数、字符串等基本类型，甚至可以是列表、字典以及其他自定义类型的对象。列表是Python中内置有序、可变序列，列表的所有元素放在一对"[]"中，并使用逗号分隔开。

格式：

```
[数据1，数据2，数据3，数据4,…]
```

创建一个列表：

```
list1=[1,2,3,2.4,5]
lsit3=[18110305,'张三丰',['英语',60],['Python',99]]
```

5.1.2　列表创建

①使用"="直接将一个列表赋值给变量，即可创建列表对象。

例如：a_list = [], b_list = [1,2,3]

②使用list()函数将字符串或其他类型的可迭代对象类型的数据转换为列表。

例如：a_list = list("Hello") 将字符串 "hello" 转换成列表 ['H','e','l','l','o']

5.1.3　访问列表中的值

使用下标索引来访问列表中的值，同样也可以使用方括号的形式截取字符，如下所示：

```
list1 =['富强','民主','文明','和谐','自由','平等','公正','法治','爱国','敬业','诚信','友善']
print( list1[2])  #获取索引值为2的元素,结果为'文明'
print( list1)  #获取整个列表值
```

```
list1 = ['Java', 'Python', 2020, 1999];
list2 = [1, 2, 3, 4, 5, 6, 7 ];
print(list1[1]) #结果: Java
print(list2[1:5]) #结果:[2, 3, 4, 5]  从下标为1的开始 截取下标为4位置的值,不包括5
```

【例5-1】随机输出"四个自信"。

```
import random   #导入随机类库
#定义列表 posivie,存储励志金句
positive =['道路自信','理论自信','制度自信','文化自信']
number = random.choice( positive) #随机在列表 positive 中选择一个元素
print( number)
```

运行结果:

```
制度自信
```

列表的常用操作:列表的作用是一次性存储多个数据,程序员可以对这些数据进行的操作有:增、删、改、查。

5.2 列表操作——增加

5.2.1 append 函数

append():列表结尾追加数据。

语法:列表序列.append(数据)。

【例5-2】append追加。

```
name_list = ['Java', 'Python', 'MySQL']
name_list.append('C#')
# 结果:['Java', 'Python', 'MySQL', 'C#']
print(name_list)
```

列表追加数据时,直接在原列表里面追加指定数据,即修改原列表,故列表为可变类型数据。

注意:如果append()追加的数据是一个序列,则追加整个序列到列表。

```
name_list = ['Java', 'Python', 'MySQL']
name_list.append(['C#','AI'])
# 结果:['Java', 'Python', 'MySQL', ['C#', 'AI']]
print(name_list)
```

5.2.2 extend 函数

extend():列表结尾追加数据,如果数据是一个序列,则将这个序列的数据逐一添加到列表。

(1)语法

```
列表序列 .extend(数据)
```

(2)快速体验

```
name_list = ['Java', 'Python', 'MySQL']
name_list.extend('eszy')
# 结果:['Java', 'Python', 'MySQL', 'e', 's', 'z', 'y']
print(name_list)
```

5.2.3 insert 函数

insert():指定位置新增数据。

(1)语法

```
列表序列 .insert(位置下标,数据)
```

(2)快速体验

```
name_list = ['Java', 'Python', 'MySQL']
name_list.insert(1,'eszy')
# 结果:['Java', 'eszy', 'Python', 'MySQL']
print(name_list)
```

5.3 列表操作——删除

5.3.1 del 函数

(1)语法

del 目标 。

(2)快速体验

①删除列表。

```
name_list = ['Java', 'Python', 'MySQL']
# 结果:报错提示: name 'name_List' is not defined,说明已删除了
del name_list
print(name_list)
```

②删除指定数据。

```
name_list = ['Java', 'Python', 'MySQL']
# 结果 :['Python', 'MySQL']
del name_list[0]
print(name_list)
```

5.3.2 pop 函数

pop():删除指定下标的数据(默认为最后一个),并返回该数据。

(1)语法

```
列表序列 .pop(下标)
```

(2)快速体验

```
name_list = ['Java', 'Python', 'MySQL']
del_name= name_list.pop(1)
# 结果 :Python
print(del_name)
# 结果:['Java', 'MySQL']
print(name_list)
```

5.3.3 remove 函数

remove():移除列表中某个数据的第一个匹配项。

(1)语法

```
列表序列 .remove(数据)
```

(2)快速体验

```
name_list = ['Java', 'Python', 'MySQL']
name_list.remove('Python')
# 结果:['Java', 'MySQL']
print(name_list)
```

5.3.4 clear 函数

clear():清空列表。

```
name_list = ['Java', 'Python', 'MySQL']
name_list.clear()
print(name_list) # 结果: []
```

5.4　列表操作——修改

5.4.1　reverse 函数

用于反向列表中元素。

```python
name_list = ['Java', 'Python', 'MySQL']
name_list.reverse()
# 结果:['MySQL', 'Python', 'Java']
print(name_list)
```

5.4.2　sort 函数

对原列表进行排序。

(1)语法

```python
列表序列 .sort( key=None, reverse=False)
```

注意:reverse 表示排序规则,reverse = True 为降序,reverse = False 为升序(默认)。

(2)快速体验

```python
num_list = [1, 5, 2, 3, 6, 8]
num_list.sort()
# 结果: [1, 2, 3, 5, 6, 8]
print(num_list)
```

5.4.3　copy 函数

用于复制列表。

```python
name_list = ['Java', 'Python', 'MySQL']
name_list2 = name_list.copy()
# 结果:['Java', 'Python', 'MySQL']
print(name_list2)
```

5.4.4　通过下标修改

修改指定下标数据。

```python
name_list = ['Java', 'Python', 'MySQL']
name_list[0] = 'C#'
# 结果: ['C#', 'Python', 'MySQL']
print(name_list)
```

5.5 列表操作——查找

5.5.1 查 找

①index():返回指定数据所在位置的下标。
语法:

```
列表序列 .index(数据,开始位置下标,结束位置下标)
name_list = ['Java', 'Python', 'MySQL']
print(name_list.index('Python', 0, 2)) # 1
```

注意:如果查找的数据不存在则报错。
②count():统计指定数据在当前列表中出现的次数。

```
name_list = ['Java', 'Python', 'MySQL','Java']
print(name_list.count('Java')) # 2
```

③len():访问列表长度,即列表中数据的个数。

```
name_list = ['Java', 'Python', 'MySQL','Java']
print(len(name_list)) # 4
```

5.5.2 判断是否存在

①in:判断指定数据在某个列表序列,如果存在返回True,否则返回False。
②not in:判断指定数据不在某个列表序列,如果不在返回True,否则返回False。

```
name_list = ['Java', 'Python', 'MySQL']
# 结果:True
print('Python' in name_list)
# 结果:False
print('Python' not in name_list)
```

快速体验:查找用户输入的名字是否已经存在。

```
name_list = ['Tom', 'Lily', 'Rose']
name = input('请输入您的昵称:')
if name in name_list:
    print(f'您输入的昵称是{name}, 昵称已经存在! ')
else:
    print(f'您输入的名字是{name}, 可以注册')
```

5.6　列表的其他操作

同字符串一样,也可以对列表进行多种操作,具体实例见表5-1。

表 5-1　列表的操作(假设 list1=[1,2,3,4,5,6,7,8,9,10])

操作	格式	说明	示例
索引	list_name[index]	获取指定索引值 index 的列表元素	list [3]的值为 4
切片	list_name[start: end: step]	截取区间[start, end]的元素值,同样分为正向切片和反向切片	list1[1: 4] #[2,3,4]正向切片 list1[9:2: −2]# [10,8,6,4]反向切片且步长为2
连接	list_name1 + list_name2	将后一个列表追加在前一个列表的尾部,形成新的列表	list1=[1,2,3,4] list2= list("abcd") list3= list1 + list2　#[1,2,3, 4, 'a', 'b','c', 'd']
统计长度	len(list_name)	统计列表元素个数	len(list1) #10
获取次数	list_name. count(obj)	获取指定元素在列表中的出现次数	list2= list('abcdabcdaa') list2. count('a') #4
获取首次索引	list_name. index(obj)	获取指定元素在列表中首次出现的索引	list2= list('abcdabdaa') list2. index('a') #0
统计和	sum(list_name [,start])	统计数值列表中各元素的和	sum(list1) #55
最大值	max(list_name)	求数值列表中各元素的最大值	max(list1) #10
最小值	min(list_name)	求数值列表中各元素的最小值	min(list1) #1

5.7　列表的循环遍历

列表的遍历是指一次性、不重复地访问列表的所有元素。在遍历过程中可以结合其他操作一起完成,例如查找、统计等。常用的列表遍历方法有两种。

（1）直接使用for...in循环遍历

【例5-3】使用列表实现"唐宋八大家"的输出。

```
#列表的元素可以是字符串
list_writer =['韩愈','柳宗元','苏洵','苏辙','苏轼','曾巩','欧阳修','王安石']
print("唐宋八大家: " , end = ' ')
for name in list_writer:
print( name,' ' , end = ' ')
```

运行结果：

```
唐宋八大家：  韩愈    柳宗元    苏洵    苏辙    苏轼    曾巩    欧阳修    王安石
```

第2行代码list_writer=['韩愈','柳宗元','苏洵','苏辙','苏轼','曾巩','欧阳修','王安石']创建了一个列表对象，列表中的元素是8个字符串。第4~5行利用一个for循环实现了将列表中的元素输出的功能。其中第4行代码表示遍历列表list_writer, name会依次取该列表中的元素。

（2）使用for...in循环和enumerate()函数实现

采用列表方式可以同时输出索引值和列表元素的内容。

【例5-4】使用列表实现"唐宋八大家"的输出(enumerate版)。

```
#列表的元素可以是字符串
list_writer =['韩愈','柳宗元','苏洵','苏辙','苏轼','曾巩','欧阳修','王安石']
print("唐宋八大家:")
for index, name in enumerate( list_writer) :
print( index + 1,name)
```

运行结果：

```
唐宋八大家:
1 韩愈
2 柳宗元
3 苏洵
4 苏辙
5 苏轼
6 曾巩
7 欧阳修
8 王安石
```

（3）列表嵌套

列表嵌套指的就是一个列表里面包含了其他的子列表。

应用场景：要存储班级一、二、三年级，三个班级学生姓名，且每个班级的学生姓名在一个列表。

```
name_list = [['小明', '小红', '小绿'], ['Tom', 'Lily', 'Rose'], ['张三', '李四','王五']]
```

思考：如何查找到数据"李四"？

name_list = [['小明', '小红', '小绿'], ['Tom', 'Lily', 'Rose'], ['张三', '李四', '王五']]
# 第一步:按下标查找到李四所在的列表 	
print(name_list[2])
# 第二步:从李四所在的列表里面,再按下标找到数据李四 	
print(name_list[2][1])
	D:\untitled2\venv\Scripts\python3.exe
	['张三', '李四', '王五']
	李四

5.8　使用列表实现用户登录

用户登录需求说明：

①系统里面有多个用户,用户的信息目前保存在列表里面。

```
users = ['root','westos']
passwd = ['admin','123']
```

②用户登录(判断用户登录是否成功)。

• 判断用户是否存在。

• 如果存在,则判断用户密码是否正确。如果正确,登录成功,退出循环。如果密码不正确,重新登录,总共有3次机会登录。

• 如果用户不存在,则重新登录,总共有3次机会。

```
# 1.定义列表,用来记录用户名和密码
users = ['1','westos']
passwds = ['123','456']
# 2.定义尝试登录的次数
trycount = 0
# 3.判断尝试登录次数是否超过3次
while trycount < 3:
    # 接收用户输入的用户名和密码
    inuser = input("用户名:")
    inpasswd = input("密码:")
    trycount+=1
    # 判断用户是否存在
    if inuser in users:
        # 先找出用户对应的索引值
        index = users.index(inuser)
        # 找出密码列表中对应的索引值的密码
        passwd = passwds[index]
        # 判断输入的密码是否正确
```

```
        if inpasswd == passwd:
            print("%s 登录成功" % (inuser))
            break
        else:
            print("%s 登录失败：密码错误!你还有%s 次机会" % (inuser,3-trycount))
    else:
        print("用户%s 不存在,你还有%s 次机会" % (inuser,3-trycount))
else:
    print("已经超过 3 次机会")
```

5.9 元组的定义

元组也是Python中标准数据类型之一,它与列表非常相似。主要的区别是:
①元组使用"()"包含元素,可以是不同类型的数据;
②元组是不可更改的类型,这与字符串很像,因此可以存储一些重要的数据。
创建元组的方式也有两种方式。

(1)直接创建

```
t1 = (10, 20, 30)
```

(2)调用tuple函数

```
str ='HelloWorld'
tupl1 = tuple(str)
print(tupl1)
```

元组特点:定义元组使用小括号,且逗号隔开各个数据,数据可以是不同的数据类型。
注意:创建元组时,如果只有一个元素时,一定要在元素的后面加",",否则无法正确创建元组。例如:

```
tuple_t= (10)    #想创建只有一个元素的元组
print( type( tuple_t))   #输出结果为:<class 'int '>
tuple_t= (10,)   #正确的做法
print(type(tuple_t))    #输出结果为:<class 'tuple'>
```

5.10 元组的常用操作

元组数据不支持修改,只支持查找。
思考:如果想要存储多个数据,但是这些数据是不能修改的数据,怎么做?
答:列表。列表可以一次性存储多个数据,但是列表中的数据允许更改。
Python的元组与列表类似,不同之处在于元组的元素不能修改,且元组使用小括号,列表使用方括号。由于元组是不可修改的,其主要作用是作为参数传递给函数调用,或是从函数

调用那里获得参数时,保护其内容不被外部接口修改。即不能对元组进行增加、删除、修改和排序等操作否则会发生"TypeError:'tuple'objectdoesnotsupportitemassignment"的异常。其常用操作见表5-2。

表5-2 元组的常用操作

假设tuple1=(1,2,3,4,5,6,7,8,9,10)

操作	格式	说明	示例
创建	tuple_name = ([ele-ments]) tuple_name = tuple( )	创建元组,当elements缺省时,表示创建空元组	t1=()并创建名为t1的空元组,与t1=tuple()等价 t2= (1,2,3) #创建名t2的元组,长度为3
访问	tuple_name[index]	访问索引值为index的元素,也可以直接使用元组名访问	tuple1[3] #访问第3个元素,即4 tuple1 #直接访问整个元组
遍历	与循环语句结合使用	同列表完全一致	
切片	tuple_name [start: end: step]	截取区间[start, end)的元素值,同样分为正向切片和反向切片	tuple1[1:4] #[2, 3,4]正向切片 tuple1 [9:2: -2] #[10,8,6 4]反向 #切片且步长为2
连接	tuple1_namel + tuple1_name2	将后一个元组追加在前一个元组的尾部,形成新的元组	tuple1 =(1,4,3,2) tuple2 = tuple("abcd ") t=tuple1+tuple2 #(1,4,3,2,'a','b','c','d')
统计长度	len(list_name)	统计元组元素个数	len(tuplel) #10
获取次数	tuple_name. count(obj)	获取指定元素在元组中的出现次数	tuple2=tuple('abcdabcdaaa') tuple2.count('a') #5
获取首次索引	tuple_name. index(obj)	获取指定元素在元组中首次出现的索引	tuple2=tuple('abcdabcdaaa') tuple2.index('a') #0
统计和	sum(tuple_name [,start])	统计数值元组中各元素的和	sum(tuplel) #55
最大值	max(tuple_name)	求数值元组中各元素的最大值	max(tuple1) #10
最小值	min(tuple_name)	求数值元组中各元素的最小值	min(tuple1) #1

(1)按下标查找数据

```
tup1 = ('python', 'java', 'php', 'c')
# 找到下标是 1 的数据
print(tup1[1])  # java
```

(2)index 函数

index():查找某个数据,如果数据存在返回对应的下标,否则报错,语法和列表、字符串的index 法相同。

```
tuple1 = ('aa', 'bb', 'cc', 'bb')
print(tuple1.index('aa')) # 0
```

(3)count 函数

count():统计某个数据在当前元组出现的次数。

```
tuple1 = ('aa', 'bb', 'cc', 'bb')
print(tuple1.count('bb')) # 2
```

(4)len 函数

len():统计元组中数据的个数。

```
tuple1 = ('aa', 'bb', 'cc', 'bb')
print(len(tuple1)) # 4
```

注意:元组内的直接数据如果修改则立即报错,实例如下。

```
tuple1 = ('aa', 'bb', 'cc', 'bb')
# TypeError: 'tuple' object does not support item assignmen
tuple1[0] = 'aaa'
```

元组内的数据修改可以按照以下的方式处理,实例如下:

```
tuple2 = (10, 20, ['aa', 'bb', 'cc'], 50, 30)
print(tuple2[2]) # 访问到列表  ['aa', 'bb', 'cc']
# 元组修改
tuple2[2][0] = 'aaaaa'
print(tuple2)  # 结果: (10, 20, ['aaaaa', 'bb', 'cc'], 50, 30)
```

小　结

本章主要介绍了列表、元组两种类型,希望通过本章的学习,能够清楚知道这两种类型各自的特点,这样在后续开发过程中,可以选择合适的类型对数据进行操作。列表是Python 中内置有序可变序列,列表的所有元素放在一对"[]"中,并使用逗号分隔开,使用下标索引来访问列表中的值,列表是动态数组,它们不可变且可以重设长度(改变其内部元素的个数)。元组是静态数组,它们不可变,且其内部数据一旦创建便无法改变。

习 题

一、填空题

1.列表中的每个元素都分配一个数字,称为(   )。

2.在列表中,不同数据项用(   )分隔。

3.Python的元组与列表类似,不同之处在于(   )。

二、判断题

1.列表的数据项不需要具有相同的类型。   (   )

2.列表在Python中是不可变的。   (   )

3.在列表中可嵌套另一个列表。   (   )

4.元组的元素不能修改。   (   )

5.在一个字典中,键是可以重复的。   (   )

6.在一个字典中,不同键对应的值是不重复的。   (   )

三、选择题

1.列表list=[1,2,3,4,5],下列选项中不能访问list末尾元素的语句是(   )。

　　A.list[4]　　　　　　　　　　B.list[−1]

　　C.list[len(list)]−1　　　　　　D.list.tail()

2.列表list=[1,2,3,4,5],下列选项中为空的选项是(   )。

　　A.list[1: 1]　　　　　　　　　B.list[1:−1]

　　C.list[1:]　　　　　　　　　　D.list[:−2]

3.列表list=[1,2,3,4,5],下列选项中不能删除末尾元素的是(   )。

　　A.del list[4]　　　　　　　　　B.list.reverse()

　　C.list.pop()　　　　　　　　　D.list. remove(5)

4.下列选项中,不能创建元组的语句是(   )。

　　A.tup=[1,2,3]　　　　　　　　B.tup=(2)

　　C.tup=tuple([1,2,3])　　　　　D.tup=(1, 'mathmatics',98)

四、程序题

1.给定一个列表,求最大值(不能使用系统api),求最小值、求平均值、求和。

2.假设有3个列表:lst_who=["小马","小羊","小鹿"],lst_where=["草地上","电影院","家里"],lst_what=["看电影","听故事","吃晚饭"]。试编写程序,随机生成3个0~2范围内的整数,将其作为索引分别访问3个列表中的对应元素,然后进行造句。例如,随机生成3个整数分别为1,0,2,则输出句子"小羊在草地上吃晚饭"。

第6章

字典和集合

学习目标

知识目标

1.理解字典的语法规则和使用方法。

2.理解字典的常用操作。

3.理解集合的语法规则和使用方法。

能力目标

1.掌握字典的使用方法。

2.掌握集合的使用方法。

3.完成用户信息登录注册系统。

素质目标

1.培养学生编写优雅代码的习惯和意识。

2.具有良好的思考和分析问题的能力。

6.1　字　典

　　字典是Python中标准数据类型之一,它也是容器类型,可以存储不同的数据,并且具有可变性。顾名思义,就是拥有类似字典的特性,通过"键"能够快速查找对应的"值",这种基本的数据结构称为"键值对"。将键值对用"{}"包含的数据类型称为字典,符号为大括号,数据为键值对形式出现,各个键值对之间使用逗号隔开。

　　字典有两种创建方式。

(1)直接创建

```
# 有数据字典
dict1 = {'name': '张三丰', 'age': 20, 'gender': '男'}
```

(2)调用dict函数

```
# 空字典
dict2 = {}
dict3 = dict()
```

　　字典中的元素是由键值对构成,因此要清楚键值对的特点。

　　①键必须是唯一的。因为是通过键来查找对应的值,所以键必须唯一。

　　②键必须是不可变的数据类型。数字、字符串或元组类型。

　　③一个键最好对应一个值,否则新值会替代旧值。

　　④字典中的键值对是无序的。创建一个字典时,键值对在字典中的顺序是无序的,但这并不影响使用。

　　⑤一般称冒号前面的内容为键(key),简称k;冒号后面的内容为值(value),简称v。

6.2　字典常用操作

　　字典的内置函数及内置方法的操作见表6-1和表6-2。

表6-1　Python字典内置函数

序号	函数	描述
1	cmp(dictl, dict2)	比较两个字典元素
2	len(dict)	计算字典元素个数,即键的总数
3	str(dict)	输出字典可打印的字符串表示
4	type(variable)	返回输入的变量类型,如果变量是字典就返回字典类型

表6-2 Python字典内置方法

序号	函数	描述
1	dict. clear()	删除字典内所有元素
2	dict. copy()	返回一个字典的浅复制
3	dict. fromkeys(seq[, val])	创建一个新字典,以序列 seq 中元素做字典的键,val 为字典所有键对应的初始值
4	dict get(key default=None)	返回指定键的值,如果值不在字典中返回 default 值
5	dict. has_key(key)	如果键在字典 dict 里返回 true,否则返回 false
6	dict. items()	以列表返回可遍历的(键,值)元组数组
7	dict. keys()	以列表返回一个字典所有的键
8	dit. sedefault(key, default= None)	和 get()类似,但如果键不存在于字典中,将会添加键并将值设为 default
9	dict. update(dict2)	把字典 dict2 的键/值对更新到 dict 里
10	dict. values()	以列表形式返回字典中的所有值
11	pop(key[, default])	删除字典给定键 key 所对应的值,返回值为被删除的值,key 值必须给出,否则返回 default 值
12	popitem()	随机返回并删除字典中的一对键和值

6.2.1 字典的增加

语法:字典序列[key] = 值

注意:如果 key 存在,则修改这个 key 对应的值;如果 key 不存在,则新增此键值对。

代码(左)及结果(右)如下:

```
dict1 = {'name': 'Tom', 'age': 20,
'gender': '男'}
dict1['name'] = 'Rose'
# 结果: {'name': 'Rose', 'age': 20,
'gender': '男'}
print(dict1)
dict1['id'] = 110
# {'name': 'Rose', 'age': 20, 'gen-
der': '男', 'id': 110}
print(dict1)
```

```
D:\untitled2\venv\Scripts\python3.exe D:/untitled2/test.py
{'name': 'Rose', 'age': 20, 'gender': '男'}
{'name': 'Rose', 'age': 20, 'gender': '男', 'id': 110}
```

注意:字典为可变类型。

6.2.2 字典的删除

①del() / del:删除字典或删除字典中指定键值对。

```
dict1 = {'name': 'Tom', 'age': 20, 'gender': '男'}
del dict1['gender']
# 结果: {'name': 'Tom', 'age': 20}
print(dict1)
```

②clear():清空字典。

```
dict1 = {'name': 'Tom', 'age': 20, 'gender': '男'}
dict1.clear()
print(dict1) # {}
```

6.2.3 字典的修改

语法:字典序列[key] = 值

如果key存在,则修改这个key对应的值;如果key不存在,则新增此键值对。

6.2.4 字典的查找

(1)key值查找

```
dict1 = {'name': 'Tom', 'age': 20, 'gender': '男'}
print(dict1['name']) # Tom
print(dict1['id']) # 报错
```

如果当前查找的key存在,则返回对应的值;否则报错。

(2)get()

语法:字典序列 .get(key, 默认值)

如果当前查找的key不存在,则返回第二个参数(默认值),如果省略第二个参数,则返回None。

```
dict1 = {'name': 'Tom', 'age': 20, 'gender': '男'}
print(dict1.get('name')) # Tom
print(dict1.get('id', 110)) # 110
print(dict1.get('id')) # None
```

(3)keys()

返回一个视图对象。

```
dict1 = {'name': 'Tom', 'age': 20, 'gender': '男'}
print(dict1.keys()) # dict_keys(['name', 'age', 'gender'])
```

(4)values()

返回一个视图对象。

```
dict1 = {'name': 'Tom', 'age': 20, 'gender': '男'}
print(dict1.values()) # dict_values(['Tom', 20, '男'])
```

(5)items()

以列表返回一个视图对象。

```
dict1 = {'name': 'Tom', 'age': 20, 'gender': '男'}
print(dict1.items()) # dict_items([('name', 'Tom'), ('age', 20), ('gender','男')])
```

6.2.5　字典的循环遍历

字典的遍历可以分3种，根据键遍历、根据值遍历、根据字典项遍历。

先创建字典dict1 = {'name': 'Tom', 'age': 20, 'gender': '男'}

(1)遍历字典的key

代码(左)及结果(右)如下：

```
dict1 = {'name': 'Tom', 'age': 20,
'gender': '男'}
for key in dict1.keys():
    print(key)
```

```
D:\untitled2\venv\Scripts\python3.exe
name
age
gender
```

(2)遍历字典的value

代码(左)及结果(右)如下：

```
dict1 = {'name': 'Tom', 'age': 20,
'gender': '男'}
for value in dict1.values():
    print(value)
```

```
D:\untitled2\venv\Scripts\python3.exe
Tom
20
男
```

(3)遍历字典的元素

代码(左)及结果(右)如下：

```
dict1 = {'name': 'Tom', 'age': 20,
'gender': '男'}
for item in dict1.items():
    print(item)
```

```
D:\untitled2\venv\Scripts\python3.exe
('name', 'Tom')
('age', 20)
('gender', '男')
```

(4)遍历字典的键值对

代码(左)及结果(右)如下：

```
dict1 = {'name': 'Tom', 'age': 20,
'gender': '男'}
for key, value in dict1.items():
    print(f'{key} = {value}')
```

```
D:\untitled2\venv\Scripts\python3.exe
name = Tom
age = 20
gender = 男
```

6.3 综合应用——用户信息登录注册系统

需求:

- 设计一个程序。
- 字符串、列表、字典综合应用。
- 要求用户可以实现登录、注册功能。
- 用户名和密码的信息保存到字典中。
- 将每个已注册用户的信息保存到列表中,即将上一步的字典保存到列表中。

```python
# 定义 student 的字典: 存放一个学生的信息
student = {}
# 定义 students 的列表 存放多个学生的信息
students = []
print("欢迎****管理系统")
while True:
    type_select = input('是否需要用户注册? (y/n):')
    if type_select == 'y' or type_select == 'Y':
        print('-------------用户注册-------------')
        # 用户注册
        username = input("请输入用户名:")
        password = input("请输入密码:")
        """注册功能的实现"""
        student['username'] = username
        student['password'] = password
        #将注册的多条信息 放到列表中去
        student_bak = student.copy()
        students.append(student_bak)
        student.clear()
        print("注册成功,请登录")
        # 打印注册的信息
        for key, value in student.items():
            print(f'{key} = {value}')
        print()
        continue
    elif type_select == 'n' or type_select == 'N':
        print('-------------用户登录-------------')
        # 用户登录
        username = input("请输入用户名:")
        password = input("请输入密码:")
        for istudents in students:
            if  istudents['username']  ==  username  and  istudents['password']  ==
```

```
password:
                    # 账号密码正确,检测登录状态
                print("登录成功")
                print("欢迎你,", istudents['username'])
                break
        #  登录不成功
        else:
            print("登录失败")
    else:
        print('用户输入有误,请重输入')
```

运行结果:

```
欢迎****管理系统
是否需要用户注册? (y/n):y
-------------用户注册-------------
请输入用户名:eszy
请输入密码:admin
注册成功,请登录

是否需要用户注册? (y/n):n
-------------用户登录-------------
请输入用户名:eszy
请输入密码:admin
登录成功
欢迎你, eszy
```

6.4 字典常见操作

字典常见操作见表6-3。

表6-3　字典常见操作

运算符	描述	支持的容器类型
+	合并	字符串、列表、元组
*	复制	字符串、列表、元组
in	元素是否存在	字符串、列表、元组、字典
not in	元素是否不存在	字符串、列表、元组、字典

6.4.1 合　并

代码(左)及结果(右)如下:

```
# 1. 字符串
str1 = 'aa'
str2 = 'bb'
str3 = str1 + str2
print(str3) # aabb
# 2. 列表
list1 = [1, 2]
list2 = [10, 20]
list3 = list1 + list2
print(list3) # [1, 2, 10, 20]
# 3. 元组
t1 = (10, 20)
t2 = (100, 200)
t3 = t1 + t2
print(t3) # (10, 20, 100, 200)
```

```
D:\untitled2\venv\Scripts\python3.exe
aabb
[1, 2, 10, 20]
(10, 20, 100, 200)
```

6.4.2 复　制

代码(左)及结果(右)如下：

```
# 1. 字符串
print('-' * 10) # ----------
# 2. 列表
list1 = ['hello']
print(list1 * 4) # ['hello', 'hello',
'hello', 'hello']
# 3. 元组
t1 = ('world',)
print(t1 * 4) # ('world', 'world',
'world', 'world')
```

```
D:\untitled2\venv\Scripts\python3.exe
----------
['hello', 'hello', 'hello', 'hello']
('world', 'world', 'world', 'world')
```

6.4.3 判断元素是否存在

```
# 1. 字符串
print('a' in 'abcd') # True
print('a' not in 'abcd') # False
# 2. 列表
list1 = ['a', 'b', 'c', 'd']
print('a' in list1) # True
print('a' not in list1) # False
# 3. 元组
t1 = ('a', 'b', 'c', 'd')
print('aa' in t1) # False
print('aa' not in t1) # True
```

6.5　集　合

集合(set)是Python中标准数据类型之一,这个数据类型与数学中的集合概念一样。它也是容器类型,存储着无序不重复的数据。集合元素可以做字典中的键,因此,集合中的元素必须为不可变类型(数字、字符串、元组)。

6.5.1　集合的特点

将数据用"{}"包含的数据类型称为集合,这与字典很像,但是字典包含的是键值对。集合有两种创建方式。

(1)直接创建

```
s1 = {10, 20, 30, 40, 50} # 无序
print(s1)
s2 = {10, 30, 20, 10, 30, 40, 30, 50} # 自动去重
print(s2)
s5 = {}
print(type(s5)) # dict 里面没有数据时是字典类型
```

(2)调用set()函数

注意:创建集合使用{}或 set() , 但是如果要创建空集合只能使用set(),因为 "{}"用来创建空字典。

```
s3 = set('abcdefg')
print(s3)
s4 = set()
print(type(s4)) # set
s5 = {}
print(type(s5)) # dict 里面没有数据时是字典类型
```

所谓存在即合理,集合虽然使用的场合很少,但是也有自己适应的场合。集合的特点如下:

①集合中的元素是无序、不重复的值。
②集合数据是无序的,故不支持下标。
③集合中的元素是不可变数据类型。
④集合中的元素不能通过切片工具访问。
⑤可以进行集合的运算。

6.5.2　集合的常用操作方法

Python提供了一系列对于集合的操作,表6-4列出了常用的几种操作和集合运算符。

表6-4　集合的常用操作

假设 seta={1,2,3 } setb={2,3,4}

操作	格式	说明	示例
增加 元素	seta. add(iterm)	将iterm增加到集合seta中	seta. add(4) print(seta) {1,2,3,4}
删除 元素	seta. pop( )	弹出并返回任意一个元素,若无 元素则返回异常	m= seta. pop() print(m) 1
	seta. discard(iterm)	删除集合中的元素iterm	seta. discard(1) print(seta) {2,3}
	seta. remove(iterm)	删除集合中的元素iterm,若不 存在,则出错	seta. remove(1) print(seta) {2,3}
统计 长度	len(seta)	统计集合元素个数	len(seta) 3
清空 集合	seta. clear( )	移除集合seta中的所有元素	seta. clear() seta {}
集合 复制	seta. copy()	复制一个集合	setb= seta. copy() setb {1,2,3}
差集 操作	seta. difference(setb)	获取seta与setb的差集	seta. difference(setb)#差集操作，即 seta- setb {1} seta #注意,运行结束后,seta的值 不变 {1,2,3}
	seta- setb		seta- setb {1}
交集 操作	seta. intersection(setb)	获取seta与setb的交集	setc= seta. intersection(setb) setc {2,3}
	seta & setb		seta & setb {2,3}
并集 操作	seta. union(setb)	获取seta与setb的 并集	setc = seta. union(setb) setc {1,2,3,4}
	seta	setb		seta	setb {1,2,3,4}

(1)增加数据

①add():可以增加到任意一个位置,无序的。

```
s1 = {10, 20}
s1.add(100)
s1.add(10)# 集合有去重功能,如果增加的数据是集合已有数据,则什么事情都不做
print(s1) # {100, 10, 20}
```

因为集合有去重功能,所以,当向集合内追加的数据是当前集合已有数据的话,则不进行任何操作。

②update():追加的数据是序列。

```
s1 = {10, 20}
#s1.add([10, 20, 30])  # 报错
# update(): 追加的数据是序列
s1.update([10, 20, 30, 40, 50])
print(s1)
s1.update(100)  # 报错
# print(s1)
```

(2)删除数据

①remove():删除集合中的指定数据,如果数据不存在则报错。

```
s1 = {10, 20}
s1.remove(10)
print(s1)
s1.remove(10) # 报错
print(s1)
```

②discard():删除集合中的指定数据,如果数据不存在也不会报错。

```
s1 = {10, 20}
s1.discard(10)
print(s1)
s1.discard(10)
print(s1)
```

③pop():随机删除集合中的某个数据,并返回这个数据。

```
s1 = {10, 20, 30, 40, 50}
del_num = s1.pop()
print(del_num)
print(s1)
```

(3)查找数据

①in:判断数据在集合序列。

②not in:判断数据不在集合序列。

代码(左)及结果(右)如下:

s1 = {10, 20, 30, 40, 50} print(10 in s1) print(10 not in s1)	D:\untitled2\venv\Scripts\python3.exe True False

6.6　公共方法

公共方法见表6-5。

表6-5　公共方法

函数	描述
len()	计算容器中元素个数
del 或 del()	删除
max()	返回容器中元素最大值
min()	返回容器中元素最小值
range(start, end, step)	生成从start到end的数字,步长为step,供for循环使用
enumerate()	函数用于将一个可遍历的数据对象(如列表、元组或字符串)组合为一个索引序列,同时列出数据和数据下标,一般用在for循环中

①len():计算容器中元素个数。

```python
# 1. 字符串
str1 = 'abcdefg'
print(len(str1)) # 7
# 2. 列表
list1 = [10, 20, 30, 40]
print(len(list1)) # 4
# 3. 元组
t1 = (10, 20, 30, 40, 50)
print(len(t1)) # 5
# 4. 集合
s1 = {10, 20, 30}
print(len(s1)) # 3
# 5. 字典
dict1 = {'name': 'Rose', 'age': 18}
print(len(dict1)) # 2
```

②del():删除。

```
# 1. 字符串
str1 = 'abcdefg'
del str1
print(str1) #报错,删除了
# 2. 列表
list1 = [10, 20, 30, 40]
del(list1[0])
print(list1) # [20, 30, 40]
```

③max():返回容器中元素的最大值。

```
# 1. 字符串
str1 = 'abcdefg'
print(max(str1)) # g
# 2. 列表
list1 = [10, 20, 30, 40]
print(max(list1)) # 40
```

④min():返回容器中元素的最小值。

```
# 1. 字符串
str1 = 'abcdefg'
print(min(str1)) # a
# 2. 列表
list1 = [10, 20, 30, 40]
print(min(list1)) # 10
```

⑤range(start,end,step):生成从 start 到 end 的数字,步长为 step,供 for 循环使用。

```
# 1 2 3 4 5 6 7 8 9
for i in range(1, 10, 1):
    print(i)
# 1 3 5 7 9
for i in range(1, 10, 2):
    print(i)
# 0 1 2 3 4 5 6 7 8 9
for i in range(10):
    print(i)
```

注意:range()生成的序列不包含 end 数字。

⑥enumerate()。

```
enumerate(可遍历对象, start=0)
```

注意:start 参数用来设置遍历数据的下标的起始值,默认为 0。

代码(左)及结果(右)如下:

| list1 = ['a', 'b', 'c', 'd', 'e']
for i in enumerate(list1):
    print(i)
for index, char in enumerate
(list1, start=1):
    print(f'下标是{index}，对应的字
符是{char}') | D:\untitled2\venv\Scripts\python3.exe
(0, 'a')
(1, 'b')
(2, 'c')
(3, 'd')
(4, 'e')
下标是1，对应的字符是a
下标是2，对应的字符是b
下标是3，对应的字符是c
下标是4，对应的字符是d
下标是5，对应的字符是e |

6.7　容器类型转换

（1）tuple()

作用：将某个序列转换成元组。

代码（左）及结果（右）如下：

| list1 = [10, 20, 30, 40, 50, 20]
s1 = {100, 200, 300, 400, 500}
print(tuple(list1))
print(tuple(s1)) | D:\untitled2\venv\Scripts\python3.exe
(10, 20, 30, 40, 50, 20)
(100, 200, 300, 400, 500) |

（2）list()

作用：将某个序列转换成列表。

代码（左）及结果（右）如下：

| t1 = ('a', 'b', 'c', 'd', 'e')
s1 = {100, 200, 300, 400, 500}
print(list(t1))
print(list(s1)) | D:\untitled2\venv\Scripts\python3.exe
['a', 'b', 'c', 'd', 'e']
[100, 200, 300, 400, 500] |

（3）set()

作用：将某个序列转换成集合。

代码（左）及结果（右）如下：

| list1 = [10, 20, 30, 40, 50, 20]
t1 = ('a', 'b', 'c', 'd', 'e')
print(set(list1))
print(set(t1)) | D:\untitled2\venv\Scripts\python3.exe
{40, 10, 50, 20, 30}
{'a', 'd', 'c', 'e', 'b'} |

注意：①集合可以快速完成列表去重。②集合不支持下标。

小　结

本章主要介绍了字典和集合两种类型,希望通过本章的学习,能够清楚这两种类型各自的特点,这样在后续开发过程中,可以选择合适的类型对数据进行操作。

集合是Python中标准数据类型之一,这个数据类型与数学中集合的概念一样。它也是容器类型,存储着无序不重复的数据,字典里面的数据是以键值对形式出现,字典数据和数据顺序没有关系,即字典不支持下标,后期无论数据如何变化,只需要按照对应的键的名字查找数据即可。

习　题

一、选择题

1.以下选项中,不是建立字典的方式是(　　)。

A.d = {[1,2]:1, [3,4]:3}　　　　　　B.d = {(1,2):1, (3,4):3}

C.d = {'张三':1, '李四':2}　　　　　　D.d = {1:[1,2], 3:[3,4]}

2.以下表达式,正确定义了一个集合数据对象的是(　　)。

A.x= {200,'flg',20.3}　　　　　　B.x= (200,'flg',20.3)

C.x= [200,'flg',20.3]　　　　　　D.x= {'flg':20.3}

3.给出如下代码,能输出"海贝色"的是(　　)。

```
DictColor = {'seashell':'海贝色','gold':'金色','pink':'粉红色','brown':'棕色',
'purple':'紫色','tomato':'西红柿色'}
```

A.print(DictColor.keys())　　　　　　B.print(DictColor["海贝色"])

C.print(DictColor.values())　　　　　　D.print(DictColor["seashell"])

4.下面代码的输出结果是(　　)。

```
d ={"大海":"蓝色", "天空":"灰色","大地":"黑色"}
print(d["大地"],d.get("大地","黄色"))
```

A.黑的 灰色　　　　　　B.黑色 黑色

C.黑色 蓝色　　　　　　D.黑色 黄色

5.给出如下代码:

```
MonthandFlower={"1月":"梅花","2月":"杏花","3月":"桃花","4月":"牡丹花","5月":"石榴
花","6月":"莲花","7月":"玉簪花","8月":"桂花","9月":"菊花","10月":"芙蓉花","11月
":"山茶花","12月":"水仙花"}
n = input("请输入1—12的月份:")
print(n + "月份之代表花:" + MonthandFlower.get(str(n)+"月"))
```

以下选项中描述正确的是(　　)。

A.代码实现了获取一个整数(1—12)来表示月份,输出该月份对应的代表花名

B.MonthandFlower是列表类型变量

C.MonthandFlower是一个元组

D.MonthandFlower是集合类型变量

二、程序分析题

1.下面程序的执行结果是＿＿＿＿＿。

```
ss = list(set("jzzszyj"))
ss.sort()
print(ss)
```

2.下面程序的执行结果是＿＿＿＿＿。

```
ss = list(set("htslbht"))
s = sorted(ss)
for i in s:
    print(i,end = '')
```

3.下面程序的执行结果是＿＿＿＿＿。

```
ls =list({'shandong':200, 'hebei':300, 'beijing':400})
print(ls)
```

三、编程题

1.编写代码完成如下功能：

①建立字典 d,包含内容是:"数学":101, "语文":202, "英语":203, "物理":204, "生物":206。

②向字典中添加键值对"化学":205。

③修改"数学"对应的值为 201。

④删除"生物"对应的键值对。

⑤按顺序打印字典 d 全部信息,参考格式如下(注意:其中冒号为英文冒号,逐行打印):

201:数学

202:语文

203:英语

204:物理

205:化学

2.已知有一个包含一些同学成绩的字典,计算成绩的最高分、最低分、平均分,并查找所有最高分同学。字典示例:

```
scores = {"Zhang San": 45, "Li Si": 78, "Wang Wu": 40}
```

3.定义一个含有 3 个元素的字典,分别用 3 种方式删除其中的一个元素,然后再输出该字典。

4.定义一个含有 3 个元素的可变集合,分别用 3 种方式删除其中的一个元素,然后再输出该集合。

第7章

函 数

学习目标

知识目标

1. 了解函数的作用。
2. 掌握函数的参数、变量的作用域。
3. 理解 lambda 的应用。

能力目标

1. 能独立完成函数的定义及调用。
2. 能开发学生信息管理系统。

素质目标

熟悉软件开发流程。

7.1　函数简介

函数是带名字的代码块,用于完成具体的工作。要执行函数定义的特定任务,可调用该函数。需要在程序中多次执行同一项任务时,无须反复编写完成该任务的代码,而只需调用执行该任务的函数,让 Python 运行其中的代码。你将发现通过使用函数,程序的编写、阅读、测试和修复都将更容易。

7.1.1　函数的使用步骤

(1)定义函数

Python 以 def 开头来定义函数,基本格式如下:

```
def 函数名(参数列表):
    函数体
return 表达式
```

基于上述格式,对函数的规则进行说明:

①函数代码块以 def 开头,后面紧跟的是函数名和"()"。

②任何传入参数和自变量必须放在圆括号中间,圆括号之间可以用于定义参数。

③函数的第一行语句可以选择性地使用文档字符串——用于存放函数说明。

④函数内容以冒号起始,并且缩进。

⑤return 表达式结束函数,选择性地返回一个值给调用方。不带表达式的 return 相当于返回 None。

⑥函数名的命名规则同变量的命名,只能是字母、数字和下画线组成,不能以数字开头,不允许有关键字。

一定要注意的是,参数列表包含多个参数时,参数值和参数名称是按函数声明时的顺序匹配的。

(2)调用函数

定义一个函数之后,就相当于有了一个具有某些功能的代码,如果想让这个函数运行,则需要进行调用,Python 中调用函数很简单,只需要通过函数名()进行调用即可。

```
函数名(参数)
```

注意:

①不同的需求,参数可有可无。

②在 Python 中,函数必须先定义后使用。

(3)快速体验

需求:实现 ATM 取钱功能。

①搭建整体框架。

```
print('密码正确登录成功')
# 显示"请您选择服务"界面
print('查询余额完毕')
# 显示"请您选择服务"界面
print('取了 1000 元钱')
# 显示"请您选择服务"界面
```

②确定"请您选择服务"界面内容。

```
print('查询')
print('转账')
print('取款')
print('存款')
print('退出')
```

③封装"选择功能"。

注意：一定是先定义函数，后调用函数。

```
def select_func():
    print('-----请选择功能-----')
    print('查询余额')
    print('存款')
    print('取款')
    print('-----请选择功能-----')
```

④调用函数。

在需要显示"选择功能"函数的位置调用函数。

```
# 封装 ATM 机功能选项 -- 定义函数
def select_func():
    print('-----请选择功能-----')
    print('查询余额')
    print('存款')
    print('取款')
    print('-----请选择功能-----')
print('密码正确登录成功')
# 显示"选择功能"界面 -- 调用函数
select_func()
print('查询余额完毕')
# 显示"选择功能"界面 -- 调用函数
select_func()
print('取了 2000 元钱')
# 显示"选择功能"界面 -- 调用函数
select_func()
```

7.1.2　函数的作用

图 7-1 是模拟银行 ATM 机的取钱界面。

①输入密码后显示"请您选择服务"界面。

②查询余额后显示"请您选择服务"界面。

③取 1000 元钱后显示"请您选择服务"界面。

特点：显示"请您选择服务"界面需要重复输出给用户，怎么实现？

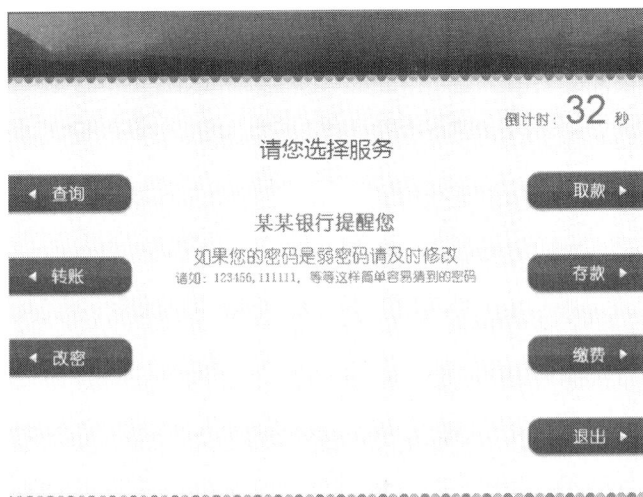

图 7-1　银行 ATM 机界面

　　在开发程序时，某一段代码，需要执行很多次，但是为了提高编写的效率以及代码的复用，可以把这一段代码封装成一个模块，这就是函数。

　　函数在开发过程中，可以更高效地实现代码重用。

7.2　函数的参数

7.2.1　函数的参数作用

　　思考：如何使用函数，实现用户名的密码验证？

```python
# 定义函数
def login():
    name = 'admin'
    pwd = '123456'
    if name =='admin' and pwd =='123456':
        print('登录成功')
    else:
        print('登录失败')
# 调用函数
login()
```

思考：上述的用户名和密码是不能改变的，如果想要这个函数变得更灵活，可以让用户从键盘输入，如何书写程序？

分析：用户在调用函数时接收输入的用户和密码。函数调用时指定值和定义函数时接收的值即是函数的参数。

```python
# 定义函数时同时定义了接收用户数据的参数 name 和 pwd，name 和 pwd 是形参
def login(name,pwd):
    if name == 'admin' and pwd == '123456':
        print('登录成功')
    else:
        print('登录失败')
# 调用函数时传入了用户名和密码，这些真实数据为实参
name=input('请输入用户名:')
pwd=input('请输入密码:')
login(name,pwd)
```

函数的参数：函数调用时可以传入真实数据，增大函数使用的灵活性。

形参：函数定义时书写的参数（非真实数据）。

实参：函数调用时书写的参数（真实数据）。

7.2.2　函数的返回值作用

例如：人们去银行取钱，如果余额不足的话，就不能取钱，并提示余额不足；如果金额足够，钱取走后就提示：你的钱还有多少。在函数中，如果需要返回结果给用户，则需要使用函数的返回值。

```python
money = 1000
def outMoney(outmoney):
    global money# 声明为全局变量，函数外面定义不变量，只能读取
    if outmoney<=money:
        money= money-outmoney
    else:
        print('余额不足！请重新输入取款金额:')
    return  money
money=outMoney(5000)
print(f'我钱还有{money}')
```

函数返回值的作用：函数调用后，返回需要的计算结果。

语法：

```python
return 表达式
```

思考：如果一个函数有两个return（如下所示），程序如何执行？

代码（左）及结果（右）如下：

```
def return_num():
    return 1
    return 2
result = return_num()
print(result) # 1
```

```
D:\untitled2\venv\Scripts\python3.exe D:
1

Process finished with exit code 0
```

答：只执行了第一个 return，是因为 return 可以退出当前函数，导致 return 下方的代码不执行。

思考：如果一个函数要有多个返回值，该如何书写代码？

代码（左）及结果（右）如下：

```
def return_num():
    return 1,2
result = return_num()
print(result) # (1, 2)
```

```
D:\untitled2\venv\Scripts\python3.exe
(1, 2)

Process finished with exit code 0
```

注意：

①return a, b 写法，返回多个数据的时候，默认是元组类型。

②return 后面可以连接列表、元组或字典，返回多个值。

7.3 函数参数的分类

7.3.1 位置参数

调用函数时，根据函数定义的参数位置来传递参数。

```
def print_hello(name, sex):
    sex_dict = {1: '先生', 2: '女士'}
    print ('%s %s:你好，欢迎来到 Python 世界！' %(name, sex_dict.get(sex, '先生')))
# 两个参数的顺序必须一一对应，且少一个参数都不可以
print_hello('李四', 2)
```

注意：传递和定义参数的顺序及个数必须一致。

7.3.2 关键字参数

函数调用，通过"键=值"形式加以指定。这样可以让函数更加清晰、容易使用，同时也清楚了参数的顺序需求。

```
def print_hello(name, sex):
    sex_dict = {1: '先生', 2: '女士'}
```

```
    print ('%s %s:你好，欢迎来到 Python 世界!' %(name, sex_dict.get(sex, '先生')))
# 当然可以通过强制指定关键字来更换参数
print_hello(sex=1,name='李四')
# 如果有位置参数时,位置参数必须在关键字参数的前面,但关键字参数之间不存在先后顺序。
print_hello('王五',sex=2)
# 错误的
print_hello(1,name='李四')
```

注意：函数调用时，如果有位置参数时，位置参数必须在关键字参数的前面，但关键字参数之间不存在先后顺序。

7.3.3　缺省参数

缺省参数也称默认参数，用于定义函数时，为参数提供默认值，调用函数时可不传默认参数的值。所有位置参数必须出现在默认参数前，包括函数定义和调用。

```
# 正确的缺省参数定义方式 --> 位置参数在前,默认参数在后是错误的    def print_hello(sex=1,
name):(这种是错误的)
def print_hello(name, sex=1):
    sex_dict = {1: '先生', 2: '女士'}
    print('hello %s %s, welcome to python world!' % (name, sex_dict.get(sex, '先生')))
# 调用时不传 sex 的值,则使用默认值 1
print_hello('王五')
# 调用时传入 sex 的值,并指定为 2
print_hello('李四', 2)
```

注意：函数调用时，如果为缺省参数值则修改默认参数值；否则使用这个默认值。

7.3.4　不定长参数

不定长参数也称可变参数。用于调用时，不确定传递几个参数（不传参也可以）的场景。

（1）包裹位置传递

*args 用来将参数打包成元组（tuple）给函数体调用。

```
def user_info(*args):                          D:\untitled2\venv\Scripts\python3.exe
    print(args)                                ('TOM',)
# ('TOM',)                                     ('TOM', 18)
user_info('TOM')
# ('TOM', 18)
user_info('TOM', 18)
```

注意：传进的所有参数都会被args变量收集，它会根据传进参数的位置合并为一个元组（tuple），args是元组类型，这就是包裹位置传递。

(2)包裹关键字传递

**kwargs 打包关键字参数成字典给函数体调用。

代码(左)及结果(右)如下:

``python
def user_info(**kwargs):
print(kwargs)
#{'name':'TOM','age':18,'id':110}
user_info(name='TOM',age=18,id=110)
``
	D:\untitled2\venv\Scripts\python3.exe D
	{'name': 'TOM', 'age': 18, 'id': 110}

综上所述:无论是包裹位置传递还是包裹关键字传递,都是一个组包的过程。

(3)解包裹参数

*args 和**kargs,也可以在函数调用时使用,称为解包(unpacking)。

①在传递元组时,让元组的每一个元素对应一个位置参数。

```python
def print_hello(name, sex):
    print(name,sex)
args = ('tanggu', '男')
print_hello(*args)
```

②在传递词典字典时,让词典的每个键值对作为一个关键字参数传递给函数。

```python
def print_hello(name,sex):
print(kargs)
kargs = {'name': '李四', 'sex': '男'}
print_hello(**kargs)
```

7.4 变量的作用域

7.4.1 变量作用域

变量作用域指的是变量生效的范围,主要分为局部变量和全局变量。

(1)局部变量

局部变量是定义在函数体内部的变量,即只在函数体内部有效。

```python
def inMoney(inmoney):
    money = 1000
    return  money
print(f'我钱还有{money}')
help(inMoney)
# 报错: name 'money' is not defined
```

变量money是定义在inMoney函数内部的变量,在函数外部访问则立即报错。

局部变量的作用:在函数体内部,临时保存数据,即当函数调用完成后,则销毁局部变量。

(2)全局变量

全局变量,指的是在函数体内、外都能生效的变量。

思考:如果想实现存钱功能,该怎么书写程序?

答:将这个数据存储在一个全局变量里面。

```
money = 1000
def inMoney(inmoney):
    """存钱的函数"""
    #定义一个函数后,程序员如何书写程序能够快速提示这个函数的作用? 作用 help(inMoney)查看
    global  money    # global 关键字声明 money 是全局变量
    money=money+inmoney
    return  money
money=inMoney(500)
print(f'我钱还有{money}')
help(inMoney)
```

7.4.2 空函数和主函数

(1)空函数

空函数是指一个什么都没有实现的函数。

在 Python 中有时候能看到定义一个 def 函数,函数内容部分填写为 pass。这里的 pass 主要作用就是占据位置,让代码整体完整。如果定义一个函数里面为空,那么就会报错,当还没想清楚函数内部内容,就可以用 pass 来进行填坑。

代码演示:

```
def func():
    pass
```

(2)主函数

每一个程序都有一个入口:主函数[main 函数]

在某种意义上讲,"if __name__=="__main__":"也像是一个标志,象征着 Java 等语言中的程序主入口,告诉其他程序员,代码入口在此——这是"if __name__=="__main__":"这条代码的意义之一。代码的规范性,还是有必要的。

代码演示:

```
def show():
    print("hello")
#通过__name__ == "__main__"表示其中的代码是在主函数中运行的
if __name__ == "__main__":
    show()
```

7.5 函数的简单应用

实现存钱功能:

①实现输入存钱数量,可以循环加钞。

②存款金额必须小于10000元,并且只能是整百的钱。

③结束以后提示:您本次的存款金额为多少,卡内剩余金额为多少。

```
# 实现存钱功能
# 1. 实现输入存钱数量,可以循环加钞
# 2. 存款金额必须小于10000元,并且只能是整百的钱
# 3. 结束以后 提示:您本次的存款金额为多少   卡内剩余金额为多少
glo_money =10000
def inMoney(money):
    global glo_money
    add_money = 0
    while True:
        if money % 100 == 0 or money < 10000:
            glo_money = glo_money + money
            while True:
                isAdd = input("您需要继续加钞吗？(y/n)")
                if isAdd == "y":
                    add_money = float(input("请输入存款金额:"))
                    if add_money % 100 == 0 and add_money < 10000:
                        glo_money += add_money
                        add_money+=add_money
                    else:
                        add_money = float(input("存款金额必须小于10000元,并且只能是
整百的钱:"))
                elif isAdd == "n":
                        break
```

```
        else:
                print('输入有误,请重新输入')
            break
        else:
            add_money = float(input("存款金额必须小于10000元,并且只能是整百的钱:"))
    return add_money
def main():
    """这是主函数"""
    m = float(input("请输入您的存款金额:"))
    print("您本次的存款金额为", inMoney(m))
    print("剩余金额为:%.2f" % (glo_money))

if __name__ == '__main__':
    main()
```

7.6 匿名函数

7.6.1 lambda 表达式

前面学习了 Python 中用 def 函数名()的方式来定义函数,这样的函数拥有函数名,调用函数只需要通过函数名来调用,如图 7-2 所示。

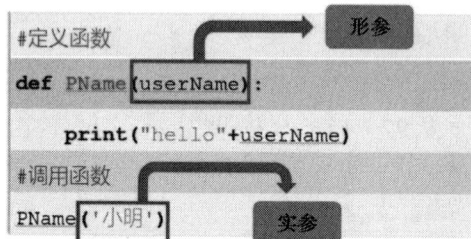

图7-2 通过函数名调用函数

人们把 def 定义的函数叫作"有名函数",那么什么是匿名函数呢?顾名思义,这类函数没有显示地定义函数名。

匿名函数不需要显示定义函数名,使用"lambda + 参数 +表达式"的方式。

语法:

```
lambda 参数列表 :表达式
```

lambda 表达式的参数可有可无,函数的参数在 lambda 表达式中完全适用。lambda 函数能接收任何数量的参数,但只能返回一个表达式的值。如图 7-3 可以看出匿名函数的独特之处。

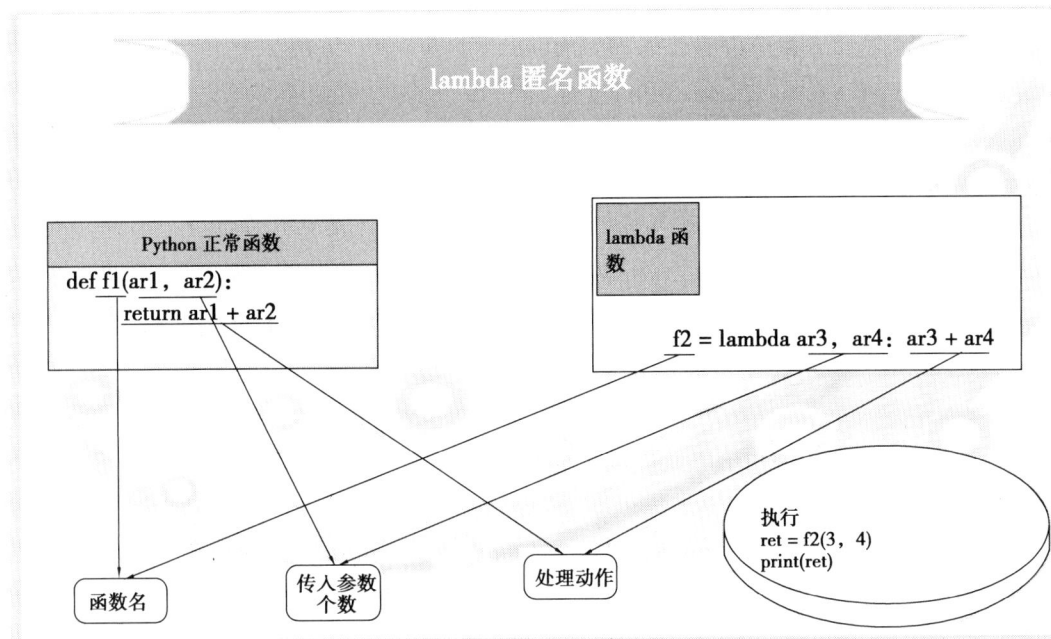

图7-3　lambda函数结构

比方说,要写一个函数用于两个数相乘。

(1)采用def方式

```
def f(x,y):
    return x*y
print(f(2,3))
```

(2)采用匿名函数方式

```
fun=lambda x,y:x*y    #把匿名函数对象赋给一个变量,只要直接调用该对象就可以使用匿名函数
print(fun(2,3))
print((lambda x,y:x*y )(2,3))
```

对匿名函数做了解释,也举了例子用以说明。那么,匿名函数的优点是什么呢?

① 不用取名称。因为给函数取名是比较头疼的一件事,特别是函数较多时,可以直接在使用的地方定义,如果需要修改,直接找到修改即可,方便以后代码的维护工作。

② 语法结构简单。不用使用"def 函数名(参数名):"这种方式定义,直接使用lambda 参数:返回值定义即可。

7.6.2　lambda的参数形式

(1)无参数

```
print((lambda: 100)()) # 100
```

(2)一个参数

```
print((lambda a: a)('hello world'))
```

(3)默认参数

```
print((lambda a, b, c=100: a + b + c)(10, 20)) #130
```

(4)可变参数:args**

```
print((lambda *args: args)(10, 20, 30))
```

注意:这里的可变参数传入lambda后,返回值为元组。

(5)可变参数:kwargs**

```
print((lambda **kwargs: kwargs)(name='python', age=20))
#{'name': 'python', 'age': 20}
```

7.7 lambda的应用

(1)带判断的lambda

```
print((lambda a, b: a if a > b else b)(1000, 500)) # 求两个数的最大值
```

(2)列表数据按字典key的值排序

```
students = [
    {'name': 'Python', 'score': 88},
    {'name': 'MySQL', 'score': 90},
    {'name': 'Java', 'score': 87}
]
# 按 score 值降序排列   reverse=True
students.sort(key=lambda x: x['score'], reverse=True)
print(students)
# 按 score 值升序排列  默认为升序
students.sort(key=lambda x: x['score'])
print(students)
```

7.8 模 块

(1)模块

Python 模块(Module),是一个 Python 文件,以 .py 结尾,包含了 Python 对象定义和 Python 语句。

模块能定义函数、类和变量,模块里也能包含可执行的代码。

(2)导入模块的方式

import 模块名

from 模块名 import 功能名

from 模块名 import *

import 模块名 as 别名

from 模块名 import 功能名 as 别名

(3)模块导入方式详解

import

```
# 1. 导入模块
import 模块名
import 模块名 1, 模块名 2...
# 2. 调用功能
模块名 . 功能名()
import math
print(math.sqrt(9)) # 3.0
```

from…import…

```
# 1. 导入模块
from 模块名 import 功能 1, 功能 2, 功能 3...
# 2. 调用功能
from math import sqrt
print(sqrt(9)) # 3.0
```

from … import *

```
# 1. 导入模块
from 模块名 import *
# 2. 调用功能
from math import *
print(sqrt(9))
```

as

```
# 模块定义别名
import 模块名 as 别名
# 功能定义别名
from 模块名 import 功能 as 别名
# 模块别名
```

```
import time as tt
tt.sleep(2)
print('hello')
# 功能别名
from time import sleep as sl
sl(2)
print('hello')
```

(4)制作模块

在 Python 中,每个 Python 文件都可以作为一个模块,模块的名字就是文件的名字。也就是说自定义模块名必须符合标识符命名规则。

(5)定义模块

新建一个 Python 文件,命名为 my_module1.py ,并定义 testA 函数。

```
def testA(a, b):
    print(a + b)
```

(6)测试模块

在实际开中,当一个开发人员编写完一个模块后,为了让模块能够在项目中达到想要的效果,这个开发人员会自行在 .py 文件中添加一些测试信息。

```
def testA(a, b):
    print(a + b)
testA(1, 1)
```

例如,在 my_module1.py 文件中添加测试代码。此时,无论是当前文件,还是其他已经导入了该模块的文件,在运行的时候都会自动执行 testA 函数的调用。

解决办法如下:

```
def testA(a, b):
    print(a + b)
# 只在当前文件中调用该函数,其他导入的文件内不符合该条件,则不执行 testA 函数调用
if __name__ == '__main__':
    testA(1, 1)
```

(7)调用模块

```
import my_module1
my_module1.testA(1, 1)
```

7.9 综合应用——学生信息管理系统

7.9.1 系统需求

①程序启动,显示学生信息管理系统欢迎界面,并显示功能菜单如图7-4所示。

```
*****************************
欢迎使用【学生信息管理系统】
1. 增加学生信息
2. 显示全部信息
3. 查找学生信息
0. 退出系统
*****************************
请选择希望执行的操作,请输入数字:
```

图7-4 欢迎界面

②根据功能选择,执行不同的功能。
③学生信息需要记录用户的学号、姓名、性别。
④如果查询到指定的学生信息,用户可以选择修改或者删除功能。

7.9.2 开发步骤

①框架的搭建。
②新增学生信息。
③显示所有学生信息。
④查询学生信息。
⑤查询成功后,修改、删除学生信息。

7.9.3 框架搭建

搭建学生信息管理系统框架结构。
①准备文件,确定文件名,编写 stu_main 和 stu_tool 的代码。
②在 stu_main 中编写主运行循环,实现基本的用户输入和判断。

7.9.4 文件准备

①新建"stu_main.py"文件,保存主程序功能代码。
• 程序的入口。
• 每一次启动学生信息管理系统都通过"stu_main"这个文件启动。
②新建"stu_tools.py"文件,保存所有学生信息功能函数。
对学生信息的 **新增**、**查询**、**修改**、**删除** 等功能封装在不同的函数中。

7.9.5　编写主循环

代码如下：

```
import   t
# 无限循环,由用户主动决定什么时候退出循环!
while True:
    #TODO(小明) 显示系统菜单 在 # 后跟上 TODO,用于标记需要去做的工作
    # TODO 在 PY 中可以查看
    # 显示功能菜单
    t.show_menu()
    # 选择功能
    select_id = input("请选择希望执行的操作,请输入数字:")
    # 1,2,3 针对学生信息的操作
    if select_id in ["1", "2", "3"]:
        # 新增学生信息
        if select_id == "1":
            t.add_student()
        # 显示全部
        elif select_id == "2":
            t.show_all()
        # 查询学生信息
        elif select_id == "3":
            t.search_student()
    # 0 退出系统
    elif select_id == "0":
        # print('退出系统')
        exit_flag = input('确定要退出吗? y or n')
        if exit_flag == 'y':
            print("欢迎再次使用【学生管理系统】")
            break
        # 如果在开发程序时,不希望立刻编写分支内部的代码
        # 可以使用 pass 关键字,表示一个占位符,能够保证程序的代码结构正确
        # 程序运行时,pass 关键字不会执行任何的操作
        # pass
    # 其他内容输入错误,需要提示用户
    else:
        print("您输入的不正确,请重新选择")
```

①使用"in"针对列表判断,避免使用"or"拼接复杂的逻辑条件。

②没有使用"int"转换用户输入,可以避免一旦用户输入的不是数字,导致程序运行出错。

（1）pass**关键字**

"pass"就是一个空语句，不做任何事情，一般用作占位语句，是为了保持程序结构的完整性。

（2）**无限循环**

- 在开发软件时，如果不希望程序执行后立即退出。
- 可以在程序中增加一个无限循环。
- 由用户来决定退出程序的时机。

（3）TODO **注释**

在"#"后跟上"TODO"，用于标记需要去做的工作，如图7-5所示。

图7-5　TODO标记

7.9.6　新增函数

在"stu_tools"中增加4个新函数，显示菜单、新增学生信息、显示全部和搜索学生信息。

```python
def show_menu():
    """显示菜单"""
    pass
def add_student():
    """新增学生信息"""
    print("-" * 50)
    print("功能:新增学生信息")
def show_all():
    """显示全部"""
    print("-" * 50)
    print("功能:显示全部")
def search_student():
    """搜索学生信息"""
    print("-" * 50)
    print("功能:搜索学生信息")
```

(1)完成 show_menu 函数

```
def show_menu():
    """显示菜单"""
    print("*" * 30)
    print("欢迎使用【学生信息管理系统】")
    print("1.增加学生信息")
    print("2.显示全部信息")
    print("3.查找学生信息")
    print("0.退出系统")
    print("*" * 30)
```

(2)完成 add_student 方法

1)保存学生信息

程序就是用来处理数据的,而变量就是用来存储数据的,使用字典记录每一张名片的详细信息,使用列表统一记录所有的名片字典。

#定义学生信息列表变量

在 stu_tools 文件的顶部增加一个列表变量。

```
# 记录所有的学生的列表
stu_list = []
```

注意:所有名片相关操作都需要使用这个列表,所以应该定义在程序的顶部。程序刚运行时,没有数据,所以是空列表。

2)新增学生信息

功能分析:

①提示用户依次输入学生信息。

②将学生信息保存到一个字典。

③将字典添加到学生信息列表。

④提示学生信息添加完成。

3)根据步骤实现代码

```
def add_student():
    """新增学生信息"""
    print("-" * 30)
    print("新增学生基本信息")
    # 1. 提示用户输入学生的详细信息
    stu_id = input("请输入学号:")
    stu_name = input("请输入姓名:")
    stu_sex = input("请输入性别:")
    # 2. 使用用户输入的信息建立一个学生字典
    stu_dict = {"id": stu_id,"name": stu_name,"sex": stu_sex}
```

```
# 3. 将名片字典添加到列表中
stu_list.append(stu_dict)
print(stu_dict)
    print("添加 %s 的学生信息成功！" % stu_name)# 4. 提示用户添加成功
```

技巧：在PyCharm中，可以使用"Shift + F6"统一修改变量名。

(3)显示学生信息

循环遍历学生信息列表，顺序显示每一个字典的信息，基础代码实现如下：

```
def show_all():
    """显示所有名片"""
    print("-" * 30)
    print("显示所有学生信息")
    # 判断是否存在学生记录，如果没有，提示用户并且返回
    if len(stu_list) == 0:
        print("当前没有任何的学生记录，请使用新增功能添加学生信息！")
        # return 可以返回一个函数的执行结果
        # 下方的代码不会被执行
        # 如果 return 后面没有任何的内容，表示会返回到调用函数的位置
        # 并且不返回任何的结果
        return
    # 打印表头
    for name in ["学号", "姓名", "性别"]:
        print(name, end="\t\t")
    print("")
    # 打印分隔线
    print("=" * 30)
    # 遍历学生列表依次输出字典信息
    for stu_dict in stu_list:
        print("%s\t\t%s\t\t%s" % (stu_dict["id"],stu_dict["name"],stu_dict["sex"]))
```

(4)查询学生信息

功能分析：

①提示用户要搜索的姓名。

②根据用户输入的姓名遍历列表。

③搜索到指定的学生信息后，再执行后续的操作。

代码如下：

```
def search_student():
    """搜索名片学生信息"""
    print("-" * 30)
    print("搜索名片学生信息")
    # 1. 提示用户输入要搜索的姓名
```

```
find_name = input("请输入要搜索的姓名:")
# 2. 遍历学生信息列表,查询要搜索的姓名,如果没有找到,需要提示用户
for stu_dict in stu_list:
    if stu_dict["name"] == find_name:
        # 遍历学生列表依次输出字典信息
        for stu_dict in stu_list:
            print("%s\t\t%s\t\t%s" % (stu_dict["id"],
                                      stu_dict["name"],
                                      stu_dict["sex"]
                                      )
        # 针对找到的学生记录执行修改和删除的操作
        deal_card(stu_dict)
        break
    else:
        print("抱歉,没有找到 %s" % find_name)
```

(5)删除学生信息

要删除学生信息记录,只需要把列表中对应的字典删除即可。代码如下:

```
elif action == "2":
    card_list.remove(find_dict)
    print("删除成功")
```

(6)修改学生信息

要修改学生信息记录,只需要把列表中对应的字典中每一个键值对的数据修改即可。代码如下:

```
def deal_card(find_dict):
    """处理查找到的学生信息"""
    # find_dict: 查找到的学生信息
    print(find_dict)
    action_str = input("请选择对应操作[1]修改[2]删除[0]返回上级菜单")
    if action_str == "1":
        find_dict["id"] = input("请输入学号:")
        find_dict["name"] = input("请输入姓名:")
        find_dict["sex"] = input( "请输入性别:")
        print("%s 的名片修改成功" % find_dict["name"])
        print("修改成功! ")
    elif action_str == "2":
        stu_list.remove(find_dict)
        print("删除成功! ")
```

7.9.7 导入模块

在"stu_main.py"中使用import导入"stu_tools"模块。

```
import stu_tools
```

修改 stu_main.py 中的代码。

小 结

本章主要介绍了函数,包括函数的定义调用、函数的参数、函数的返回值、函数的嵌套、递归函数、匿名函数等。函数作为关联功能的代码段,能很好地提高应用的模块性。

习 题

一、填空题

1. 在 Python 中,函数可以用来实现单一或相关功能的代码段,它能提高应用的模块化和代码的( )。

2. 在定义一个实现自己想要的功能的函数时,需要用( )开头,后跟函数名和( ),函数的参数必须放在圆括号中。

3. 在 Python 变量的作用域中,局部变量只能在其被声明的( )访问,而全局变量可以在整个程序范围内访问。

4. 一个函数在内部不调用其他的函数,只调用自身的话,这个函数就是( )。

5. 在函数或其他局部作用域中需要使用全局变量,这就需要用到( )关键字。

二、判断题

1. 在 Python 中,函数的返回值是使用 return 语句来完成的。 ( )

2. 如果希望函数能够处理的参数个数比当初定义的参数个数多,就可以在函数中使用不定长参数。 ( )

3. 有时在定义的函数中需要用到默认值,这时带有默认值的参数一定要位于参数列表的最后面,否则程序会报错。 ( )

4. 实际开发中,有参数而无返回值的函数用得最多,这是因为函数作为功能模块,即便传入了参数,也不希望会用返回值。 ( )

5. 匿名函数就是没有名字的函数。 ( )

6. 在 Python 中,参数值和参数名称是跟函数声明定义的顺序匹配的。 ( )

7. 由用户自行编写的函数,称为自定义函数,Python 提供的称为系统自带函数。 ( )

8. 局部变量的作用域是整个程序,任何时候使用都有效。 ( )

三、选择题

1. 阅读下面的程序代码:

```
def func() :
  x = 10print(x)func()
```

执行上述语句后,输出的结果为( )。

A.10 B.0

    C.程序编译失败   D.程序出现异常

2.在Python中使用random模块中的(　　)函数随机生成0~1的随机浮点数。

    A.shuffle()   B.uniform(a,b)

    C.randit(a,b)   D.random()

3.在Python中,能使用(　　)关键字来创建匿名函数。

    A. Def   B.lambda   C.function   D.global

4.Python中如果需要打印某月的月历,可以使用(　　)模块中的日历函数。

    A.time   B.random   C.calendar   D. math

5.当函数内存在一个变量与外部的全局变量同名,要想使全局变量生效,可以在函数内使用(　　)关键字进行声明。

    A.local   B.global   C.enclosing   D.nonlocal

6.根据函数有没有参数和返回值,可以分为(　　)类型。

    A.无参数,无返回值   B.无参数,有返回值

    C.有参数,无返回值   D.有参数,有返回值

7.在Python中创建自定义函数,以下关于默认参数的使用正确的是(　　)。

    A.给函数的参数设置默认值,这个参数就被称为默认参数

    B.带有默认值的参数一定要位于参数列表的最后面

    C.调用函数时,因为默认参数在定义时已经被赋值,可以直接忽略

    D.默认参数不管有没有传入值,都是直接使用默认的值

四、简答题

1.请简要说明函数定义的要点。

2.举例说明随机函数的应用。

五、编程题

1.定义两个函数:max_divider 和 min_multipliter,返回两个数(从键盘输入的整数)的最大公约数和最小公倍数。

2.一个猴子第一天摘下若干个桃子,当即吃了一半,还不过瘾,又多吃了一个。第二天早上又将剩下的桃子吃掉一半,又多吃了一个。以后每天早上都吃了前一天剩下的一半零一个。到第十天早上再想吃时,就只剩一个桃子了。求第一天共摘了多少个桃子?编写函数得到猴子第一天桃子的数量。

3.一球从80 m高度自由下落,每次落地后返回原高度的一半,再落下。求:它在第10次落地时共经过多少m?第10次反弹多高?编写函数实现。

4.编写函数:求出 1+(1+2)+(1+2+3)+…+(1+2+3+4+…+n)的和,函数以n为参数,它是由用户从键盘输入的。

5.编写函数:验证哥德巴赫猜想,也就是任何一个大于6的偶数都可以表示成两个素数之和。

第 *8* 章

文　件

学习目标

知识目标

1.了解文件的概念。

2.掌握文件及目录的常用操作。

能力目标

1.能独立完成文件及目录的常用操作。

2.能够完成用户登录实例。

素质目标

1.具有较好的信息检索能力。

2.具有良好的思考和分析问题的能力。

8.1 文 件

想要长期保存数据,就要使用磁盘、U盘、光盘等外部存储设备。一张图片、一部电影、一段代码等,都可以被保存为一个文件。任何一个文件都有一个文件名,文件名是存取文件的依据。操作系统以"文件"为单位管理磁盘中的数据。

从用户的角度来说,常见的文件可以分为程序文件和数据文件,例如 winword.exe、notepad.exe 等是程序文件;而人们自己创建的 Word 文档、记事本文档就是数据文件。

根据文件中数据的组织形式,可以把文件分为文本文件和二进制文件。

文件中数据的组织形式其实就是由文件的创建者和解释者(即使用文件的软件)约定的格式。所谓"格式",就是关于文件中每一部分的内容代表什么含义的一种约定。

所有的文件本质上都是由一个一个字节组成的字节串。如果文件中的每一个字节都约定为一个可见字符的 ASCII 码或其他字符集中的编码,则可以用记事本或者其他文本编辑器正常打开、编辑,并且可以直接阅读和理解,这样的文件就称作文本文件。

除文本文件外,其他常见的文件如图像文件、视频文件、可执行程序文件等都称为二进制文件。二进制文件不能用文本编辑器直接进行编辑,需要使用专门的程序才能打开、显示。

在 Python 程序中,不管使用哪一类文件,都要经过 3 个步骤:打开文件、读写文件和关闭文件。Python 语言有相应的函数来实现打开、读、写、关闭等文件操作。

8.1.1 文件的基本操作

(1)操作文件的流程

在计算机中要操作文件的流程非常固定,一共包含 3 个步骤:
①打开文件。
②读、写文件(读:将文件内容读入内存。写:将内存内容写入文件)。
③关闭文件。

(2)操作文件的函数和方法

在 Python 中,操作文件的函数和方法见表 8-1。

表 8-1　操作文件的函数和方法

序号	函数/方法	说明
1	open	打开文件,并且返回文件操作对象
2	read	将文件内容读取到内存
3	write	将指定内容写入文件
4	close	关闭文件

open 函数负责打开文件,并且返回文件对象,read、write、close 3 个方法都需要通过文件对象来调用。

在 Python 中，使用 open 函数可以打开一个已经存在的文件，或者创建一个新文件。

语法如下：

```
open(name, mode)
    name:是要打开的目标文件名的字符串(可以包含文件所在的具体路径)。
    mode:设置打开文件的模式(访问模式),只读、写入、追加等(详细介绍见表8-2)。
# 以只写方式打开文件。如果文件存在会被覆盖。如果文件不存在,创建新文件
f = open('test.txt', 'w')  #此时的 f 是 open 函数的文件对象
```

表 8-2　打开文件模式方式

访问方式	说明
r	以只读方式打开文件。文件的指针将会放在文件的开头,这是默认模式。如果文件不存在,则抛出异常
w	以只写方式打开文件。如果文件存在,则会被覆盖。如果文件不存在,则创建新文件
a	以追加方式打开文件。如果该文件已存在,文件指针将会放在文件的结尾。如果文件不存在,则创建新文件进行写入
r+	以读写方式打开文件。文件的指针将会放在文件的开头。如果文件不存在,则抛出异常
w+	以读写方式打开文件。如果文件存在会被覆盖。如果文件不存在,则创建新文件
a+	以读写方式打开文件。如果该文件已存在,文件指针将会放在文件的结尾。如果文件不存在,则创建新文件进行写入

8.1.2　文件对象方法

（1）写入 write()

```
#语法:对象.write('内容')
f = open('test.txt', 'w')# 1. 打开文件
f.write('hello world')# 2. 文件写入
f.write('恩施欢迎你')
f.close()# 3. 关闭文件
```

注意：w 和 a 模式：如果文件不存在则创建该文件；如果文件存在，w 模式先清空再写入，a 模式直接末尾追加。r 模式：如果文件不存在，则报错。

（2）读 read()

语法：文件对象.read(num)

num 表示要从文件中读取的数据的长度（单位是字节），如果没有传入 num，那么就表示读取文件中所有的数据。

```
f = open('test.txt', 'r')
# read 不写参数表示读取所有;
# print(f.read())
# 文件内容如果换行,底层有"\n",会有字节占位,导致 read 书写参数读取出来的与眼睛看到的个数和
参数值不匹配
print(f.read(15))
f.close()
```

（3）readline()

read 方法默认会把文件的所有内容一次性读取到内存,如果文件太大,对内存的占用会非常严重,readline 方法可以一次读取一行内容,方法执行后,会把文件指针移动到下一行,准备再次读取。

```
# 打开文件
file = open("test.txt",'r')
while True:
    # 读取一行内容
    text = file.readline()
    # 判断是否读到内容
    if not text:
        break
    # 每读取一行的末尾已经有了一个 `\n`
    print(text, end="")
# 关闭文件
file.close()
```

（4）readlines

可以按照行的方式把整个文件中的内容进行一次性读取,并且返回的是一个列表,其中每一行的数据为一个元素。

```
f = open('test.txt')
content = f.readlines()
print(content)
# 关闭文件
f.close()
```

8.2 文件目录的常用操作

在 Python 中,有关文件及目录操作功能是通过一些专门的模块来实现的。

常用的文件与目录操作相关的模块是os及其子模块os.path和shutil模块。

8.2.1　文件目录简介

一个计算机系统中包含了成千上万个文件,为了便于对文件进行存取和管理,计算机系统建立文件的索引,即文件名和文件物理位置之间的映射关系,这种文件的索引称为文件目录。

常见的目录操作有创建、重命名、删除、改变路径、查看目录内容等操作。

在 Python 中,如果希望通过程序实现上述功能,需要导入 os 模块;文件和文件夹的操作要借助 os 模块的相关功能,具体步骤如下:

①导入 os 模块:import os。
②使用 os 模块相关功能:os.函数名()。

8.2.2　文件操作

文件的重命名和删除操作见表8-3。

表8-3　文件的重命名及删除

序号	方法名	说明	示例
1	rename	重命名文件	os.rename(源文件名,目标文件名)
2	remove	删除文件	os.remove(文件名)

(1)文件重命名

```
"""
1. 导入模块 os
2. 使用模块内功能
"""
import os
os.rename('test.txt', 'login.txt')
```

(2)删除文件

```
"""
1. 导入模块 os
2. 使用模块内功能
"""
import os
os.remove('loign.txt')
```

8.3　目录操作

目录的基本操作见表8-4。

表8-4　目录的基本操作

序号	方法名	说明	示例
1	listdir	目录列表	os.listdir(目录名)
2	mkdir	创建目录	os.mkdir(目录名)
3	rmdir	删除目录	os.rmdir(目录名)
4	getcwd	获取当前目录	os.getcwd()

提示：文件或者目录操作都支持相对路径和绝对路径。

8.4　路　　径

用于定位一个文件或者目录的字符串被称为一个路径，在程序开发的时候，通常会涉及两种路径，一种是相对路径，另一种是绝对路径。

(1)相对路径

在学习相对路径之前，需要先了解什么是当前工作目录，当前工作目录是指当前文件所在的目录，在Python中，可以通过os模块提供的getcwd()函数获取当前工作目录。getcwd()函数的示例如下：

```
import os
print(os.getcwd())  #输出当前目录
```

相对路径就是依赖当前的工作目录，如果在当前工作目录下有一个名称为essage.txt的文件，那么在打开这个文件时，就可以直接写上文件名，这时采用的就是相对路径。

(2)绝对路径

绝对路径是指在使用文件时指定文件的实际路径，它不依赖于当前工作目录，在Python中，可以通过os.path模块提供的abspath()函数获取一个文件的绝对路径。abspath()函数的语法格式如下：

```
os.path.abspath(path)
```

其中，path为要获取绝对路径的相对路径，可以是文件，也可以是目录。

```
import  os
f=os.path.abspath('login.text')
print(f)
```

（3）目录列表

```
import os
# listdir(): 获取某个文件夹下所有文件,返回一个列表
print(os.listdir())
```

（4）创建目录

```
import os
# mkdir():创建文件夹
os.mkdir('aa')
```

（5）删除目录

```
import os
# rmdir(): 删除文件夹
os.rmdir('aa')
```

（6）获取当前目录

```
import os
# getcwd(): 返回当前文件所在目录路径
print(os.getcwd())
```

总结:文件名和文件物理位置之间的映射关系,这种文件的索引称为文件目录。

8.5　用户登录实例

（1）选择界面

```
import os
# 用户选择
def select():
    print("欢迎****管理系统")
    while True:
        type_select = input('是否需要用户注册? (y/n):')
        if type_select == 'y' or type_select == 'Y':
            print('-------------用户注册-------------')
            user_register()
            break
        elif type_select == 'n' or type_select == 'N':
            print('-------------用户登录-------------')
            user_login()
            break
        else:
        print('用户输入有误,请重输入')
    user_login()
```

(2)用户注册

```python
# 用户注册
def user_register():
    user_id = input('请输入用户名:')
    user_pwd = input('请输入密码')
    user_name = input('请输入昵称')
    user = {"u_id":user_id,"u_pwd":user_pwd,"u_name":user_name}
    # 用户路径
    user_path = "./users/" + user_id
    # 创建用户文件
    file_user = open(user_path,"w")
    # 写入
    file_user.write(str(user))
    # 保存关闭
    file_user.close()
```

(3)用户登录

```python
# 用户登录
def user_login():
    while True:
        print("-------------用户登录-------------")
        user_id = input('请输入用户名:')
        user_pwd = input('请输入密码')
        # 获取 user 目录中所有的文件名
        user_list = os.listdir("./users")
        # 遍历元组,判断 user_id 是否在元组中
        flag = 0
        for user in user_list:
            if user == user_id:
                flag = 1
                print('登录中 ........;')
                # 打开文件
                file_name = "./users/" + user_id
                print(file_name)
                file_user = open(file_name)
                #  获取文件内容
                user_info = eval(file_user.read())
                if user_pwd == user_info["u_pwd"]:
                    print("登录成功! ")
                    break
        if flag == 1:
```

```
            break
        elif flag == 0:
            print('查无此人,请先注册用户')
            break
```

(4)主函数

```
# 主函数
def star():
    if os.path.exists('users'):
        select()
    else:
        os.mkdir("users")
```

(5)运行结果

```
欢迎****管理系统
是否需要用户注册? (y/n):y
-------------用户注册-------------
请输入用户名:003
请输入密码admin
请输入昵称admin
-------------用户登录-------------
请输入用户名:003
请输入密码admin
登录中........;
./users/003
登录成功!
```

小　结

本章主要介绍了Python中文件的常见操作,包括文件的打开和关闭、文件的读写、文件的重命名,文件的删除等。

习　题

一、填空题

1.按文件中数据的组织形式,可以把文件分为(　　)和(　　)两大类。

2.r和rb 的区别是(　　)。

3.操作完文件后需要关闭,关闭文件的方式是(　　)。

4.读取文件的3种方式是(　　)。

5.在Python中要正确地读写二进制文件,常用的序列化模块有(　　)。

二、判断题

1.判断文件是否可读用readable。　　　　　　　　　　　　　　　　　　(　　)

2.文件的读写,无非是将数据写入文件或者从文件中读取数据。　　　　(　　)

3.对文件进行重命名、删除等操作用os。　　　　　　　　　　　　　　(　　)

4.使用文件对象的readine( )方法可以把整个文件中的内容进行一次性读取。　(　　)

5.当向文件写入数据时,如果文件不存在,系统会报错;如果文件存在,则会清空原有数据,重新写入新数据。　　　　　　　　　　　　　　　　　　　　(　　)

6.文件读写操作相关的函数都会自动改变文件指针位置。　　　　　　(　　)

三、简答题

1.解释以下3个参数的分别作用:open(f_name,"r",encoding="utf-8")。

2.文件读写时有没有默认编码呢?

四、编程题

1.键盘输入一些字符,逐个把它们写到磁盘文件上,直到输入一个#为止。

2.键盘输入一个字符串,将小写字母全部转换成大写字母,然后输出到一个磁盘文件"test"中保存。

第9章

面向对象基础

学习目标

知识目标

1.了解什么是面向对象程序设计。

2.理解类和对象的关系。

3.理解并熟练使用类方法。

能力目标

1.会使用类创建对象,并添加属性。

2.运用面向对象思想完成烤羊肉串实例。

素质目标

1.具备良好的面向对象程序设计理念。

2.具有良好的团队协作精神。

9.1　面向对象基础

9.1.1　理解面向对象

面向对象是一种抽象化的编程思想,是很多编程语言中都有的一种思想。

例如:有一个需求,需要把大象装进冰箱里。

①面向过程的做法:打开冰箱门,把大象装进去,关上冰箱门。这是一个过程,人们会把这个过程拆分为3个小步骤,并且去想办法实现它们。

②面向对象的做法:冰箱调用开门的方法开门,大象调用移动位置的方法进入冰箱,冰箱调用关门方法把门关上。

这种是把整个过程里的冰箱和大象抽象出来,冰箱是一个对象,大象也是一个对象。冰箱拥有开门、关门的方法,大象拥有移动位置的方法。它们各自处理各自的事情,人们不用关心冰箱怎么开门和关门,大象怎么把自己塞进去,人们只用告诉冰箱,现在要把大象装进去,装好了告诉人们即可。在一些简单的逻辑上,面向过程更加简单,但是当面对一系列复杂的模块和功能或者在逻辑发生更改时,各司其职的面向对象思想就会将很多复杂的逻辑简单化。

面向对象就是将编程当成是一个事物,对外界来说,事物是直接使用的,不用去管其内部的情况,而编程就是设置事物能够做什么事。

9.1.2　类和对象

思考:将大象装进冰箱描述过程中,冰箱其实就是一个事物,即对象,冰箱对象哪来的呢?

答:冰箱是由工厂工人制作出来。

思考:工厂工人怎么制作出的冰箱?

答:工人根据设计师设计的功能图纸制作冰箱。

总结:图纸→冰箱→放大象。

在面向对象编程过程中,有两个重要组成部分:类和对象。类和对象的关系:用类去创建多个对象。

9.1.3　理解类和对象

面向对象程序设计(OOP)的一个关键就是将数据以及对数据的操作封装在一起,组成一个相互依存、不可分割的整体,即对象。对于相同类型的对象(instance)进行分类、抽象后,得出共同的特征和行为而形成类(class),如动物类、飞机类等。

类是对某一类事物的抽象描述,而对象是现实中该类事物的个体。面向对象程序设计的关键就是如何合理地定义这些类,并且合理组织多个类之间的关系。

(1)类

类是对一系列具有相同特征和行为的事物的统称,是一个抽象的概念,不是真实存在的事物。特征即是属性,行为即是方法。类比如是制造冰箱时要用到的图纸,也就是说类是用来创建对象,如图9-1所示。

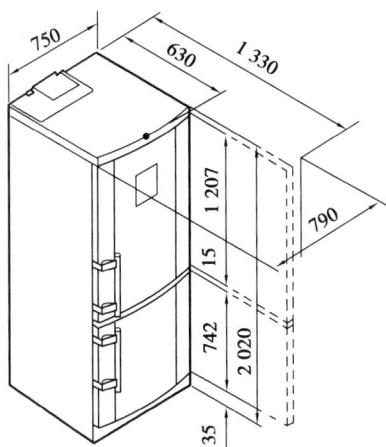

图9-1　制造冰箱的图纸

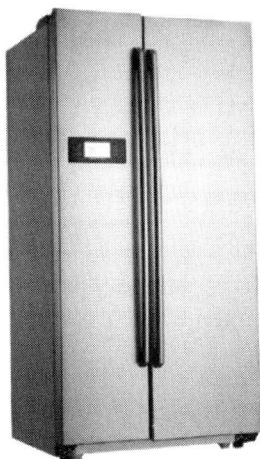

图9-2　根据图纸制造的冰箱

（2）对象

对象是类创建出来的真实存在的事物,在实际开发中,先有类再有对象。如图9-2所示为根据图纸制造的冰箱。

9.1.4　类的定义与使用

在现实生活中,要描述一类事物,既要说明它的特征,又要说明它的用途。如果以冰箱这一类事物来举例,首先要给这类事物起个名字,其次冰箱包括宽度、高度、重量等特征,可以放大象、冷冻、冷藏等。当人们把冰箱的特征和行为组合在一起,就可以完整地描述冰箱类。面向对象程序的设计思想正是基于这种设计,把事物的特征和行为包含在类中。其中,事物的特征当作类的属性,事物的行为当作类的方法,而对象是类的一个实例。

想要创建一个对象,就需要先定义一个类,类一般由以下3个部分组成。

①类名:类的名称,它的首字母必须是大写,如Fridge。

②属性:用于描述事物的特征,如冰箱有宽度、高度、质量等特征。

③方法:用于描述事物的行为,如冰箱可以放大象、冷冻、冷藏等。

Fridge使用Class关键字来声明一个类,其基本语法格式如下:

```
Class 类名:
    类的属性
    ⋮
    类的方法
```

注意:在定义类时,需要遵守以下几点。

①类名首字母一般要大写。

②如果派生自其他类的话,则需要把所有基类放到一对圆括号中并使用逗号分隔。接下来通过一个案例,来演示类的定义。

【例9-1】Fridge. py

```
class Fridge():
    def set(self):
        print('我能放大象')
```

在例9-1中,使用class定义了一个名称为Fridge的类,类中有一个set方法。从示例可以看出,方法和函数的格式是一样的,主要的区别在于方法必须显式地声明一个self参数,而且位于参数列表的开头。self代表类的实例(对象)本身,可用来引用对象的属性和方法,后面会结合实际的应用来讲解self的用法。

在Python程序中定义类之后,就可以用来实例化对象。可以使用如下语法来创建一个对象:

```
对象名=类名()
```

要想给对象添加属性,可以通过如下方式:

```
对象名 . 新的属性名=值
```

接下来,在例9-1的基础上,增加如下代码,来演示如何创建对象,添加属性并且调用其方法。

【例9-2】Fridge. py

```
class Fridge():
    def set(self):
        print('我能放大象')
    def setFood(self):
        print('我能冷冻、冷藏食物')
    def printIfo(self):
        # 类里面取实例属性
        print(f'冰箱的宽度是{self.width}')
        print(f'冰箱的高度是{self.height}')
# 创建冰箱实例
Haier = Fridge()
# 调用实例方法
Haier.set()
# 添加实例属性
Haier.width = 700
Haier.height = 1200
# 调用实例方法
Haier.printIfo()
Haier.setFood()
```

在例9-2中,在原来定义的Fridge类中,新定义了setFood和printIfo两个方法,然后创建了一个Fridge类的对象Haier,动态地添加了width属性和height属性且赋值,然后依次调用了printIfo()和setFood()方法。

运行结果：

```
我能放大象
冰箱的宽度是700
冰箱的高度是1200
我能冷冻、冷藏食物
```

注意：

①创建对象的过程也叫实例化对象。

②self指的是调用该函数的对象。打印对象和self得到的结果是一致的，都是当前对象的内存中存储地址。

9.1.5 类成员的可访问范围

Python依靠属性名和方法名来区分成员的可访问范围。具体规定如下：

①__XXX：私有成员，以双下画线开头，但是不以双下画线结束的成员。私有成员只能在类体内直接访问。（其实，Python中的私有是伪私有，可以在类外通过"对象名._类名__私有属性名"或者"对象名._类名__私有方法名()"的形式进行访问，但不建议这样使用。）

②_XXX：保护成员，以一个下画线开头。在Python中，保护成员可以在类体外通过"对象名.保护成员名"或"子类对象名.保护成员名"直接访问。但是，保护成员不能用"from module import *"导入。

③__XXX__：特殊成员，以双下画线开头和结尾。这是Python中专用的标识符，如"__init__()"是构造函数。在给类中的成员命名时，应该避免使用这一类名称，以免发生冲突。

④公有成员，其他形式名称的成员，都是公有成员。公有成员在类体内和类体外都可以直接访问。

9.2 方 法

在类中定义的方法，按方法名的命名方式来分，可以分为特殊方法和普通方法。

特殊方法的名字以双下画线开始和结束，是Python中已经定义名字的方法，特殊方法通常在针对对象的某种操作时自动调用。

普通方法由程序员根据Python的标识符的命名规则，按照"见名知意"的原则进行命名。普通方法按使用的场景来分，可分为实例方法、类方法和静态方法。

实例方法、类方法和静态方法的可访问范围必须遵循9.1.5节中类成员的可访问范围的规则。根据方法的名字，确定它们是公有的、保护的还是私有的。因此，进一步地，实例方法、类方法和静态方法按照可访问范围来分，可以分为公有方法、保护方法和私有方法。

9.2.1 实例方法

类中的实例方法和具体的实例对象相关。实例方法既可以访问实例属性，也可以访问类属性。它有一个显著的特征：第一个参数名为self（类似于Java语言中的this），用于绑定调用此方法的实例对象（Python会自动完成绑定），其他参数和普通函数中的参数完全一样。

实例方法的定义格式如下：

```
def 实例方法名 (self,[形参列表]):
函数体
```

私有实例方法只能在类体内被其他方法调用。公有实例方法既可以在类体被其他方法调用，也可以在类体外调用。

①在类体内的调用格式为：

```
self.实例方法名([实参列表])
```

②在类体外的调用格式为：

```
实例对象名.公有实例方法名([实参列表])
```

【例9-3】每一个人都有姓名、性别、年龄、身高(m)和体重(kg)，都可以进行自我介绍，计算体重指数(体重指数=体重/身高^2)。请按照面向对象程序设计的思想进行编程。

算法分析：设计一个 Person 类，其中有私有属性姓名 name、性别 sex、年龄 age，身高 height 和体重 weight，在 __init__ 函数中完成属性的初始化。有两个公有的实例方法 introduce()和 computeBMI()，分别表示自我介绍和计算体重指数。

Person.py：

```python
# Person 类
class Person() :
    def __init__(self,name,sex,age,height,weight):
        self.__name = name;
        self.__sex = sex;
        self.__age = age;
        self.__height = height;
        self.__weight = weight;
    def introduce(self):
        print( "My name is{},I am{}years old".format(self.__name,self.__age))
    def computeBMI(self):
        return self.__weight/( self.__height** 2)
#测试代码
p1 = Person("小明","女",18,1.6,65);
p1.introduce();
print("BMI :d%",p1.computeBMI());
```

运行结果：

```
My name is小明,I am18years old
BMI :d% 25.390624999999996
```

在实例9-3的代码中，introduce()和 computeBMI()就是普通的公有实例方法，在测试代码部分，通过p1.introduce()和p1.computeBMI()进行了调用。

实例方法是Python类中最常见的方法，类中大部分的方法都是实例方法。需要说明的是，Python并不严格要求实例方法的第一个参数名必须为self，但是建议读者在编写程序时，遵循惯例。

Python也支持使用类名调用公有实例方法,但此方式需要手动给self参数传值(不推荐)。例如,Person.introduce(p1)。

9.2.2 类方法

类不但拥有自己的属性——类属性,也可以拥有自己的方法——类方法。类方法只能访问类属性,而不能访问对象的实例属性。类方法必须用装饰器@classmethod来修饰,第一个参数必须为cls。类方法的定义格式如下:

```
@classmethod
def 类方法名(cls,[形参列表]):
    函数体
```

类方法的调用格式如下:

```
类名.类方法名([实参列表])
实例对象名.类方法名([实参列表])(不推荐)
```

在类方法内部,也可以直接使用"cls.类属性"或者"cls.类方法([实参列表])"来访问类属性或者类方法。

【例9-4】现在养猫的人越来越多。为了方便管理,需要统计猫的数量,并通过showCat-Number()来输出某个地区猫的数量。

```
#Cat
class Cat:
    zone ="恩施地区"
    #类属性
    numberofcats = 0
    #类属性
    def __init__( self,name,age):
        self.__name = name
        #私有成员 name 的初始化
        self.__age = age
        #私有成员 age 的初始化
        Cat. numberofcats += 1
#猫的数量加1
    def run( self):
        print( self.__name + " is running" )
        print( "It is " + str( self._age) + "years old")
    def ___bark ( self) :
        print( self.__name + " is barking:喵喵,喵喵…")
#测试代码
cat1 = Cat("小豆",4)   #创建第一个对象 cat1
print("{}猫的数量是:{}".format(Cat.zone,Cat.numberofcats))#访问类属性
cat2 = Cat("小乐",2)   #创建第二个对象 cat2
print("{}猫的数量是:{}" .format(Cat.zone,Cat.numberofcats))#访问类属性
```

运行结果：

```
恩施地区猫的数量是:1
恩施地区猫的数量是:2
```

注意：类方法的第一个参数为cls，调用类方法时不需要给该参数传递实参，Python会自动把类对象传递给cls。

9.2.3 静态方法

静态方法是一种普通函数，只不过位于类定义的命名空间中，它不会对任何实例对象进行操作。因为它位于类的命名空间中，所以可以通过"类名.类属性"或者"类名.类方法名()"来访问类属性、调用类方法。

在设计程序时，如果需要在某个类中封装某个方法，这个方法既不需要访问实例属性或者调用实例方法，也不需要访问类属性或者调用类方法，此时，可以将该方法封装成一个静态方法，即静态方法一般用于和类对象以及实例对象都无关的代码。

静态方法必须用装饰器"@staticmethod"来修饰。静态方法定义格式如下：

```
@staticmethod
def 静态方法名([形参列表]):
函数体
```

静态方法的调用格式如下：

```
类名 . 静态方法名([实参列表])
实例对象名 . 静态方法名([实参列表])
```

【例9-5】设计一个Game类，类属性topScore用来记录游戏的最高分，实例属性name记录游戏名称，player记录玩家名称。方法menu()用来显示游戏菜单，该方法和类对象以及实例对象都没有关系，可以设计为静态方法。类方法showTopScore()用来显示当前游戏的最高分；实例方法startGame()、pauseGame()和exitGame()分别用来开始游戏、暂停游戏和结束游戏。__init__()方法用来初始化实例属性。

代码如下：

```
import random
class Game:
    topScore = 0      #类属性
    @staticmethod  #静态方法
    def menu():
        print( " =========")
        print( "1:游戏开始")
        print( "2:游戏暂停")
        print( "3:游戏结束")
        print( " ========= ")
    def __init__( self , name, player) :
        self. name = name
```

```
            self.player = player
            self.score = 0
        def startGame(self):
            print(self.player + "开始打" + self.name + "游戏！")
            self.score = random.randint(0, 100)  # 随机给出游戏分数 print( self.player+"
当前得分是:",self.score)
            if self.score > Game.topScore:
                Game.topScore = self.score
            # 记录游戏的最高分
        def pauseGame(self):
            print(self.player + "的" + self.name + "游戏暂停!")
        def exitGame(self):
            print(self.name + " is over! ")
        @ classmethod        # 类方法,输出当前游戏的最高分
        def showTopScore(cls):
            print("游戏当前最高分是：", cls.topScore)
#测试代码
game1 = Game("扫雷","小苏")
#创建了第一个游戏对象
game2 = Game("扫雷","小师")
#创建了第二个游戏对象
while True:
    Game.menu()
    choice = int(input("请输入选择:"))
    if choice == 1:
        game1.startGame()
        game2.startGame()
    elif choice == 2:
        game1.pauseGame()
        game2.pauseGame()
    elif choice == 3:
        game1.exitGame()
        game2.exitGame()
        break
Game.showTopScore()
```

运行结果：

```
==========
1:游戏开始
2:游戏暂停
3:游戏结束
==========
请输入选择:1
```

155

```
小苏开始打扫雷游戏！
小师开始打扫雷游戏！
==========
1:游戏开始
2:游戏暂停
3:游戏结束
==========
请输入选择:3
扫雷 is over!
扫雷 is over!
游戏当前最高分是: 65
```

程序分析:这是一个综合实例,涉及前面学习的类属性和实例属性以及实例方法、类方法和静态方法。本例中menu()方法就是静态方法,它和普通函数的作用类似,menu()方法的作用就是输出一个菜单。

9.2.4 特殊方法

Python对象中包含许多以双下画线开始和结束的方法,称为特殊方法,如__init__()。特殊方法又称魔术方法,特殊方法不仅可以实现构造和初始化,而且可以实现比较、算术运算,它还可以让类像一个字典、迭代器一样使用,实现各种高级、简洁的程序设计模式。Python常见的特殊方法及含义见表9-1。

表9-1　Python常见的特殊方法

特殊方法	含义
__new__()	负责创建类的实例对象的静态方法,无须使用装饰器@ staticmethod修饰。Python自动调用__new__()方法返回实例对象后,再自动调用这个实例对象的__init__()方法
__init__()	实例方法,用来对__new__()返回的实例对象进行必要的初始化,它没有返回值
__del__()	析构方法,用来实现销毁类的实例对象所需的操作。默认情况下,当对象不再使用时,Python 会自动调用__del__()方法
__repr__()	返回一个字符串,可以实现把实例对象像字符串一样输出,对应于内置函数repr()
__str__()	返回一个字符串,可以实现把实例对象像字符串一样输出,对应于内置函数str()
__len__()	求类的实例对象的长度,对应于内置函数 len()
__call__()	包含该特殊方法的类的实例可以像函数一样调用

（1）__init__()

【例9-6】冰箱的宽度、高度是客观存在的属性,可不可以在生产过程中就赋予这些属性呢？可以使用__init__()方法进行初始化对象。

```
class Fridge():
    # 定义初始化功能的函数
    def __init__(self):
        # 添加实例属性
        self.width = 500
        self.height = 800
    def printIfo(self):
        # 类里面调用实例属性
        print(f'冰箱的宽度是{self.width}，高度是{self.height}')
# 创建冰箱实例
Haier = Fridge()
# 调用实例方法
Haier.printIfo()
```

注意：

①__init__()方法，在创建一个对象时，默认被调用，不需要手动调用。

②__init__(self)中的self参数，不需要开发者传递，Python解释器会自动把当前的对象引用传递过去。

（2）带参数的__init__()

【例9-7】一个类可以创建多个对象，如何对不同的对象设置不同的初始化属性呢？可以通过参数传递方式来实现。

```
class Fridge():
    # 定义初始化功能的函数
    def __init__(self, width, height):
        self.width = width
        self.height = height
    def printIfo(self):
        # 类里面调用实例属性
        print(f'冰箱的宽度是{self.width}，高度是{self.height}')
# 创建冰箱实例
Haier1 = Fridge(800,1200)
# 调用实例方法
Haier1.printIfo()
Haier2 = Fridge(1200,1700)
# 调用实例方法
Haier2.printIfo()
```

（3）__str__()

【例9-8】当使用print输出对象时，默认打印对象的内存地址。如果类定义了__str__()方法，那么就会打印从这个方法中return的数据。

```
class Fridge():
    # 定义初始化功能的函数
    def __init__(self, width, height):
        self.width = width
        self.height = height
    def printIfo(self):
        # 类里面调用实例属性
        print(f'冰箱的宽度是{self.width},高度是{self.height}')
    def __str__(self):
        return '这是冰箱的说明书'
# 创建冰箱实例
Haier1 = Fridge(800,1200)
print(Haier1)
```

(4)__del__()

【例9-9】当删除对象时,Python解释器也会默认调用__del__()方法。

```
class Fridge():
    # 定义初始化功能的函数
    def __init__(self, width, height):
        self.width = width
        self.height = height
    def printIfo(self):
        # 类里面调用实例属性
        print(f'冰箱的宽度是{self.width},高度是{self.height}')
    def __del__(self):
        print(f'{self}对象已经被删除')
    def __str__(self):
        return '这是冰箱的说明书'
# 创建冰箱实例
Haier1 = Fridge(800,1200)
print(Haier1)
del(Haier1)
```

9.3　综合应用——烤羊肉串

①需求主线。羊肉串被烤的时间和对应的状态:

- 0~3分钟:生的。
- 3~5分钟:半生不熟。
- 5~8分钟:熟的。
- 超过8分钟:烤煳了。

②添加的调料:用户可以按自己的意愿添加调料。

9.3.1　步骤分析

需求涉及一个事物：羊肉串。故案例涉及一个类：羊肉串类。

```python
# 定义羊肉串类
class SweetSheep():
    def __init__(self):
        # 被烤的时间
        self.cook_time= 0
        # 羊肉串的状态
        self.static = '生的'
        # 调料列表
        self.condiments = []
```

①羊肉串的属性：被烤的时间、状态、添加的调料。

②羊肉串的方法。

• 被烤：用户根据意愿设定每次烤羊肉串的时间，判断羊肉串被烤的总时间是在哪个区间，修改羊肉串状态。

• 添加调料：用户根据意愿设定添加的调料，将用户添加的调料存储。

③显示对象信息。

9.3.2　代码实现

①定义羊肉串初始化属性，后面根据程序推进更新实例属性。

```python
# 定义羊肉串类
class SweetSheep():
    def __init__(self):
        # 被烤的时间
        self.cook_time= 0
        # 羊肉串的状态
        self.static = '生的'
        # 调料列表
        self.condiments = []
```

②定义烤羊肉串方法。

```python
# 定义羊肉串类
class SweetSheep():
    def __init__(self):
        ......
    def cook(self, time):
        """烤的方法"""
```

```
        self.cook_time += time
        if 0 <= self.cook_time < 3:
            self.cook_static = '生的'
        elif 3 <= self.cook_time < 5:
            self.cook_static = '半生不熟'
        elif 5 <= self.cook_time < 8:
            self.cook_static = '熟了'
        elif self.cook_time >= 8:
            self.cook_static = '烤糊了'
```

③书写str魔法方法，用于输出对象状态。

```
# 定义羊肉串类
class SweetSheep():
    def __init__(self):
        ......
    def cook(self, time):
        ......
        # 书写str魔法方法，用于输出对象状态
        def __str__(self):
            return f'这个羊肉串烤了{self.cook_time}分钟，状态是{self.static}'
```

④创建对象，测试实例属性和实例方法。

代码（左）及结果（右）如下：

```
sheep1 = SweetSheep()
print(sheep1)
sheep1.cook(6)
print(sheep1)
```

```
D:\Anaconda3\python.exe D:/PycharmProjects/2048/t.py
这个羊肉串烤了0分钟，状态是生的
这个羊肉串烤了6分钟，状态是生的

Process finished with exit code 0
```

⑤定义添加调料方法，修改__str__方法并调用该实例方法。

增加添加调料方法：

```
# 添加的调料
def add_condiments(self, condiment):
    self.condiments.append(condiment)
```

修改__str__方法：

```
def __str__(self):
    return f'这个羊肉串烤了{self.time}分钟，状态是{self.static}，添加的调料有{self.condiments}'
```

调用该实例方法：

代码(左)及结果(右)如下:

```
sheep1 = SweetSheep()
print(sheep1)
sheep1.cook(6)
sheep1.add_condiments('辣椒面')
print(sheep1)
sheep1.add_condiments('酱油')
print(sheep1)
```

```
D:\Anaconda3\python.exe D:/PycharmProjects/2048/t.py
这个羊肉串烤了0分钟, 状态是生的,添加的调料有[]
这个羊肉串烤了6分钟, 状态是生的,添加的调料有['辣椒面']
这个羊肉串烤了6分钟, 状态是生的,添加的调料有['辣椒面', '酱油']

Process finished with exit code 0
```

小　结

本章主要介绍了面向对象编程的基本知识,包括类和对象、方法、属性的定义与使用,实例方法、类方法、静态方法和特殊方法,并开发了一个烤羊肉串的简单案例。

习　题

一、简答题

1.如何定义类?

2.类名要满足什么规则?

3.如何创建对象?

4.类的三大构成是什么?

二、编程题

定义一个表示学生信息的类 Student 要求如下。

①类 Student 的成员变量:sNO 表示学号;sName 表示姓名;sSex 表示性别;sAge 表示年龄;sJava:表示 Java 课程成绩。

②类 Student 的方法成员:getNo():获得学号;getName():获得姓名;getSex():获得性别;getAge():获得年龄;getJava():获得 Java 课程成绩。

③根据类 Student 的定义,创建5个该类的对象,输出每个学生的信息,计算并输出这5个学生 Java 语言成绩的平均值,以及输出他们 Java 语言成绩的最大值和最小值。

第10章

面向对象高级

学习目标

知识目标

1. 理解面向对象的3个特性。

2. 理解类和对象的关系。

3. 理解并熟练使用实例方法、类方法、静态方法和特殊方法。

4. 理解继承的特点。

能力目标

1. 会使用类创建对象,并添加属性。

2. 使用面向对象思想完成反恐精英实训。

素质目标

1. 具备良好的面向对象程序设计理念。

2. 具有良好的团队协作精神。

【章节重点】

封装概念、属性私有化、get函数和set函数、私有方法。

10.1　封　装

在面向对象编程中,封装就是将抽象得到的数据和行为(或功能)相结合,形成一个有机的整体(类);封装的目的是增强安全性并简化编程,使用者不必了解具体的实现细节,而只是要通过外部接口——特定的访问权限来使用类的成员。

封装就是把同一类事物的共性(包括属性和方法)归到同一类中,方便使用。属性能够描述事物的特征,方法能够描述事物的动作。封装是将类的某些信息隐藏在类的内部,不允许外部程序直接访问,而是通过该类提供的方法来实现对隐藏信息的操作和访问。也可以理解为:存在一个边界,边界之内的细节隐藏起来,只留下对外的接口。例如,笔记本电脑如果不加塑料外壳能用吗? 能用,不过就是不安全,不好看罢了。如果把它包装一下,用的功能多了吗? 没有,不过比不包装不仅好看了,更重要的是安全了很多,也方便携带了。

封装的好处:

①只能通过规定方法访问数据,安全、易用、简单、易维护。

②隐藏类的实现细节。

③方便加入控制语句。

④方便修改实现经过封装的属性,不能直接访问,要通过公共属性get/set方法访问。

为了保护类里面的属性,避免外界任意赋值,可以采用以下方式实现:

①在属性名的前面加上"__"(两个下画线),定义属性为私有属性。

②通过在类的里面定义两个方法供外界调用,实现属性值的设置及获取。

10.1.1　属性私有化

如果想让成员变量不被外界直接访问,则可以在属性名称的前面添加两个下画线,成员变量则被称为私有成员变量。私有属性只能在类的内部直接被访问,在外界不能直接访问。

【例10-1】属性不私有化。

```python
#属性不私有化的时候
class Person():
    def __init__(self,name,age):
        self.name = name
        self.age = age
    def myPrint(self):
        print(self.name,self.age)
#通过构造函数给属性赋值
per = Person("张三",10)
per.myPrint()    #张三 10
#通过对象直接访问属性,并且给属性赋值
per.name = "李四"
per.age = 22
per.myPrint()    #李四 22
```

【例10-2】属性私有化。

```
#属性私有化
#写法:在属性的前面添加两个下画线,用法:只能在类的内部被访问,外界不能直接访问
class Person1():
    def __init__(self,name,age):
        self.name = name
        self.__age = age
    def myPrint(self):
        print(self.name,self.__age)
p1 = Person1("小明",100)
p1.myPrint()    #小明 100
p1.name = "xiaoming"
#其实动态绑定属性,age 和__age 其实是两个不同的变量
p1.age = 200
p1.myPrint()
print(p1.age)
#AttributeError: 'Person1' object has no attribute '__age',私有化了,在外界不能直接访问
print(p1.__age)
```

从例10-2提示的报错信息可以看出,Person类中找不到"__age"属性。原因是"__age"属性为私有属性,在类的外面是不能直接调用的。所以,为了能够在外界访问私有属性的值,可以通过前面所学的方式,在该类中添加了两个供外界调用的方法,分别用于设置和获取属性值。

10.1.2　get 函数和 set 函数

get 函数和 set 函数并不是系统的函数,而是自定义的,为了和封装的概念相吻合,起名为getXxx 和 setXxx。

get 函数:获取值

set 函数:赋值【传值】

【例10-3】get 函数和 set 函数。

```
#get 函数和 set 函数
class Person2():
    def __init__(self,name,age):
        self.name = name
        self.__age = age
    def myPrint(self):
    print(self.name,self.__age)
    # 书写私有属性 age 的 get 函数和 set 函数【通过自定义的函数进行私有属性的赋值和获取值,暴露给外界】
    #set 函数:给成员变量赋值
    #命名方式:setXxx
```

```
        #特点:需要设置参数,参数和私有成员变量有关
        def setAge(self,age):
            #数据的过滤
            if age < 0:
                print('年龄输入有误! ')
            else:
                self.__age = age
        #get 函数:获取成员变量的值
        #命名方式:getXxx
        #特点:需要设置返回值,将成员变量的值返回
        def getAge(self):
            return self.__age
        #注意:有几个私有属性,则书写几对 get 函数和 set 函数
p2 = Person2("小明",10)
p2.myPrint()    #小明 10
#print(p2.__age)
#间接访问了私有的成员变量
print(p2.getAge())
# 设置年龄为 18
p2.setAge(18)
# 得到年龄为 18
print(p2.getAge())
# 赋值不合法的年龄
p2.setAge(-20)
print(p2.getAge())
```

10.1.3　私有方法

如果类中的一个函数名前面添加"__",则认为这个成员函数是私有化的,私有方法不能在外界直接调用,只能在类的内部调用。

代码演示:

```
class Site():
    def __init__(self,name):
        self.name = name
    def who(self):
        print(self.name)
        self.__si()
    #私有成员方法,只能在当前类的内部调用
    def __si(self):    #私有函数
        print("我成绩很好")
    def gong(self):    #公开函数
        print("我很低调,我没有复习")
```

```
#注意:以上两个函数是两个不同的函数,不存在覆盖的问题
s = Site("特别卷的小明")
s.who()
#s.__foo()  #AttributeError: 'Site' object has no attribute 'foo'
s.gong()
```

10.2 继 承

生活中的继承,一般指按照法律或遵照遗嘱接受死者的财产、职务、头衔、地位等。

Python面向对象的继承指的是多个类之间的所属关系,即子类默认继承父类的所有属性和方法,其中有3个显著特点。

(1)子类拥有父类属性和方法

子类继承自父类,可以直接享受父类中已经封装好的方法,不需要再次开发。

现实生活中,人们有一句俗语叫"子承父业",就是说,孩子可以拥有父亲留给他的东西。

已经知道类是相同属性和行为的对象的集合,那在父类中只有属性和方法了,所以说"子类拥有父类的属性和方法"。先看一个类Father的代码,比如父亲有name属性,在中华人民共和国成立前,父亲有个吃饭的营生,每天如骆驼祥子一样拉个黄包车,所以这里他有一个diver的方法。

```
class Father(object):
    def __init__(self):
        self.name = '老张'
    def driver(self):
        print('调用父类声明方法,拉黄包车')
class Son(Father):
    pass  #Python pass 是空语句,是为了保持程序结构的完整性。
```

子类Son继承了父类,没有属性也没方法。在Python中,所有类默认继承object类,object类是顶级类或基类;其他子类称为派生类。

代码(左)及结果(右)如下:

xiaozhuang = Son() xiaozhuang.name = '小张' xiaozhuang.driver()	D:\Anaconda3\python.exe D:/PycharmProjects/2048/t.py 调用父类声明方法,拉黄包车 Process finished with exit code 0

大家看到,虽然子类中并没有定义name属性与driver方法,但依然可以调用,说明子类继承了父类的属性和方法。但也不是说子类可以继承父类所有的属性和方法,比如私有属性或私有方法不行。

(2)子类可以有自己新的属性和方法

接着上面的案例,社会在发展,时代在进步,儿子长大后 IT 业兴起,儿子学会了上网聊 QQ,而且还有了自己的网络昵称,则子类变化为:

```python
class Father(object):
    def __init__(self):
        self.name = '老张'
    def driver(self):
        print('调用父类声明方法,拉黄包车')
#   特点二:子类可以有自己新的属性和方法
class Son(Father):
    def __init__(self):
        #   子类新的属性:网名
        self.lineName='默认网名'
    #   子类新的方法:聊 QQ
    def qq(self):
        print(f'我的网名是{self.lineName},我会聊天')
```

代码(左)及结果(右)如下:

`xiangzhang = Son()`
`xiangzhang.lineName  = '风一样的男子'`
`xiangzhang.qq()`
	D:\Anaconda3\python.exe D:/PycharmProjects/2048/t.py
	调用父类声明方法,拉黄包车
	我的网名是风一样的男子,我会聊天
	
	Process finished with exit code 0

(3)方法的重写,子类可以重写父类的方法

当父类的方法实现不能满足子类需求时,可以对方法进行重写,覆盖父类的方法。在开发中,如果父类的方法实现和子类的方法实现完全不同时,就可以使用覆盖的方式,在子类中重新编写父类的方法,实现具体的方式,就相当于在子类中定义了一个和父类同名的方法并且实现。

方法覆盖(方法重写):子类方法与父类方法具有相同的方法声明(方法头),不同的实现(方法体)。方法覆盖是相对于父子类而言的,一个类无法实现覆盖。

```python
class Father(object):
    def __init__(self):
        self.name = '老张'
    #   父类中拉黄包车的方法
    def driver(self):
        print('调用父类声明方法,拉黄包车')
class Son(Father):
    def __init__(self):
```

```
    #  子类新的属性网名
    self.lineName='默认网名'
def qq(self):
    print(f'我的网名是{self.lineName},我会聊天')
#  特点三:子类可以重写父类的方法
def driver(self):
    print('自从学习编程以后,开 BMW')
```

代码(左)及结果(右)如下:

```xiaozhang= Son()``` ```xiaozhang.driver()```	D:\Anaconda3\python.exe D:/PycharmProjects/2048/t.py 自从学习编程以后,开BMW

通过运行结果可以看到,driver()并没有调用父类的拉黄包车,而是调用的子类的"开BMW"。也就是说,子类重写父类方法,创建子类时,调用的是子类的方法。

10.3 多继承

10.3.1 多继承简介

子类可以拥有多个父类,并且具有所有父类的属性和方法。

例如,孩子会继承自己父亲和母亲的特性。小张是一个很听话的孩子,听爸爸的话,长大为国立功劳,同时也听妈妈的话,好好学习。

```
class Father(object):
    def __init__(self):
        self.name = '老张'
    def driver(self):
        print('调用父类声明方法,拉平板车')
class Mother():
    def study(self):
        print("好好学习")
class Son(Father,Mother):
    def __init__(self):
        #  子类新的属性网名
        self.lineName='默认网名'
    def qq(self):
        print(f'我的网名是{self.lineName},我会聊天')
#  听爸爸的话为国立功劳
    def driver(self):
        print('长大为国立功劳')
```

代码(左)及结果(右)如下:

`xiaozhang = Son()`
`xiaozhang.driver()`
`xiaozhang.study()`
	`C:\Users\LeeJian\Desktop\pythonProject\venv\Scripts\python.exe`
	长大为国立功劳
	好好学习
	
	`Process finished with exit code 0`

注意:如果不同的父类中存在同名的方法,子类对象在调用方法时,会调用哪一个父类中的方法呢?

提示:编写程序时,应该尽量避免这种容易产生混淆的情况! 那么如果父类之间存在同名的属性或者方法,应该尽量避免使用多继承。

10.3.2　调用父类（超类）的方法

super()函数是用于调用父类(超类)的一个方法。

①在 Python 中 super 是一个特殊的类。

②super()就是使用 super 类创建出来的对象。

③最常用的场景就是调用父类的方法实现。

例如:比如儿子长大为国立功劳了,总忘不了父亲当初生活的艰辛,所以在自己内部又定义了一个忆苦思甜的方法,先拉下父亲的车,然后再开自己的宝马,如果没有 super 关键字就很难分辨。

```python
class Father():
    def __init__(self):
        self.name = '老张'
    def driver(self):
        print('调用父类声明方法,拉平板车')
class Son(Father):
    def __init__(self):
        #  子类新的属性网名
        self.lineName='默认网名'
    def qq(self):
        print(f'我的网名是{self.lineName},我会聊天')
#  听爸爸的话长大为国立功劳
    def driver(self):
        print('长大为国立功劳')
#  忆苦思甜方法
    def ykst(self):
        self.driver();
        super().driver();
```

代码(左)及结果(右)如下：

xiaozhang = Son() xiaozhang.ykst()	D:\Anaconda3\python.exe D:/PycharmProjects/2048/t.py **长大为国立功劳** 调用父类声明方法，拉平板车 Process finished with exit code 0

10.3.3 父类的私有属性和私有方法

①类对象不能在自己的方法内部直接访问父类的私有属性或私有方法。

②子类对象可以通过父类的公有方法间接访问到私有属性或私有方法，私有属性、私有方法是对象的隐私，不对外公开，外界以及子类都不能直接访问。私有属性、私有方法通常用于处理一些内部的事务。

在Python中，可以为实例属性和方法设置私有权限，即设置某个实例属性或实例方法不继承给子类。

例如，父亲不想把自己的钱(2 000 000元)继承给儿子，也不想让儿子知道自己会捐款给红十字会，这个时候就要为钱这个实例属性设置私有权限。设置私有权限的方法就是在属性名和方法名前面加上两个下画线。

```python
class Father(object):
    def __init__(self):
        self.name = '老张'
        # 定义私有属性:用于捐款给红十字会,不让子孙使用
        self.__money = 2000000
    def driver(self):
        print('调用父类声明方法,拉平板车')
    # 定义私有方法:有个小秘密,不让儿子知道
    def __secret(self):
        print(f'我做好事,捐款给红十字会:{self.__money}')
class Son(Father):
    def __init__(self):
        #  子类新的属性网名
        self.lineName='默认网名'
    def qq(self):
        print(f'我的网名是{self.lineName},我会聊天')
#   听爸爸的话长大为国立功劳
    def driver(self):
        print('长大为国立功劳')
# 忆苦思甜方法
    def ykst(self):
        self.driver();
        super().driver();
```

代码(左)及结果(右)如下:

xiaozhang= Son()
print(xiaozhang.__money)
xiaozhang.__info_print()
	C:\Users\LeeJian\Desktop\pythonProject\venv\Scripts\python.exe C:\Users\LeeJian\
	Traceback (most recent call last):
	  File "C:\Users\LeeJian\Desktop\pythonProject\main.py", line 33, in <module>
	    print(xiaozhang.__money)
	AttributeError: 'Son' object has no attribute '__money'

10.4　多　态

多态是指一类事物有多种形态,一个抽象类有多个子类(因而多态的概念依赖于继承),不同的子类对象调用相同的方法,产生不同的执行结果,多态可以增加代码的灵活度。

需求:

①在 Dog 类中封装方法 game,普通狗只是简单地玩耍。

②定义 XiaoTianDog 继承 Dog,并且重写 game 方法,哮天犬需要在天上玩耍。

③定义 Person 类,并且封装一个和狗玩的方法,在方法内部,直接让狗对象调用 game 方法,如图 10-1 所示。

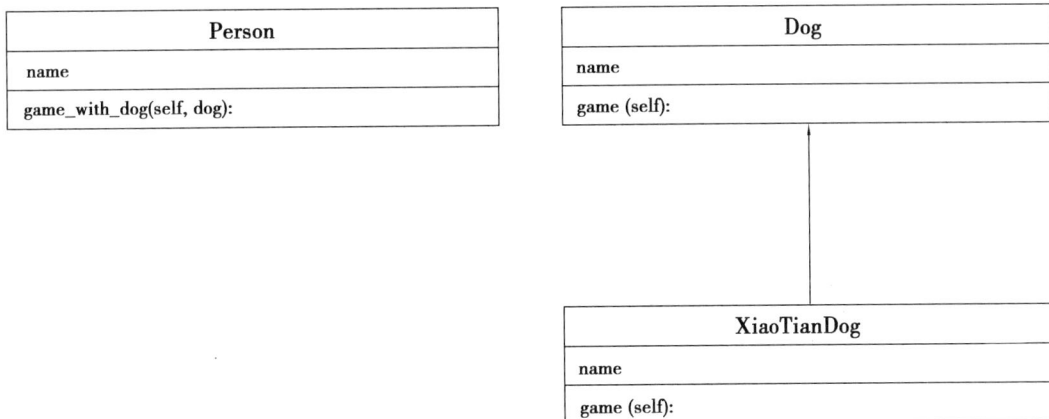

图 10-1　Person 类

代码如下:

```
class Dog(object):
    def __init__(self, name):
        self.name = name
    def game(self):
        print("%s 蹦蹦跳跳地玩耍..." % self.name)
class FlgDog(Dog):
    def game(self):
        print("%s 飞到天上去玩耍..." % self.name)
class Person(object):
```

```
    def __init__(self, name):
        self.name = name
    def game_with_dog(self, dog):
        print("%s 和 %s 快乐地玩耍 ..." % (self.name, dog.name))
        # 让狗玩耍
        dog.game()
# 1. 创建一个狗对象
# wangcai = Dog("旺财")
wangcai = FlgDog("飞天旺财")
# 2. 创建一个小明对象
xiaoming = Person("小明")
# 3. 让小明调用和狗玩的方法
xiaoming.game_with_dog(wangcai)
```

10.5　综合应用——反恐精英

理解一个对象的属性可以是另外一个类创建的对象。强化面向对象中对封装特性的理解。

①封装是面向对象编程的一大特点。

②面向对象编程的第一步将属性和方法封装到一个抽象的类中。

③使用类创建对象，然后让对象调用方法。

④对象方法的细节都被封装在类的内部。

需求：如图10-2所示，警察拿起枪，向土匪射击。

图10-2　CS警匪对战

属性需求如图10-3所示。

Gun
model 型号
damage 杀伤力
bullet_count 子弹数量
___init___ (self, model, damage):
___init___ (self):
add_bullets(self, count):
shoot(self, enemy):

Player
name 姓名
hp 血量
gun 枪
___init___ (self, name, hp=100):
___str___ (self):
hurt(self, enemy_gun):
fire(self, enemy):

图10-3　属性需求

（1）枪类

①使用Gun类可以创建枪对象。

②枪有3个属性：

型号model：字符串；

杀伤力damage：整数；

子弹数量 bullet_count：整数，枪初始没有子弹。

③调用add_bullets方法可以增加子弹数量。

④调用shoot方法可以给参数敌人对象造成伤害，如果没有子弹，则提示玩家并返回；如果有子弹，则子弹数量减少，调用敌人对象的hurt方法，给敌人造成伤害。

注意：在调用shoot方法时，如果传入的enemy（敌人）是由Player创建的对象，就让enemy调用hurt方法，处理enemy的受伤细节；如果传入的enemy（敌人）是None，表示没有打中敌人，只需要做子弹减少的操作。

（2）玩家类

①使用Player类可以创建警察对象和土匪对象。

②玩家有3个属性：

姓名name：字符串；

血量hp：整数；

枪gun：使用Gun类创建的对象，玩家初始没有枪。

③调用hurt方法可以让当前玩家受到参数enemy_gun的伤害，具体流程如下：

• 玩家血量减去枪对象的damage伤害度。

• 判断修改后的玩家血量，如果血量<= 0，则提示玩家战亡；否则提示玩家受伤以及当前血量。

④调用fire方法可以向参数enemy开火，具体流程如下：

• 判断自己是否有武器，如果没有则直接返回。

• 检查自己的枪是否有子弹，如果没有，自动装填子弹。

173

- 让自己的枪调用shoot方法，并传递要射击的敌人对象。

(3)主程序流程

①创建枪对象并测试装填和发射子弹。

②创建警察对象（policeman）和土匪对象（badman）。

③将枪交给警察，警察向土匪开火。

④利用循环方式消灭土匪。

10.5.1 准备武器

①创建枪类。

```python
class Gun(object):
    """枪类"""
    def __init__(self, model, damage):
        self.model = model          # 型号
        self.damage = damage        # 杀伤力
        self.bullet_count = 0       # 子弹数量
    def __str__(self):
        return "型号: %s,杀伤力: %d,剩余子弹: %d" % (
            self.model,
            self.damage,
            self.bullet_count)
```

在主程序准备一个test测试函数，并且创建一个AK47枪对象。

```python
def test():
    """测试函数"""
    # 1. 创建枪对象
    ak47 = Gun("AK47", 50)
    print(ak47)
if __name__ == '__main__':
    test()
```

运行结果：

```
型号: AK47,杀伤力: 50,剩余子弹: 0
```

②在Gun类中添加实现 add_bullets 装填子弹方法，并在test函数测试装填子弹。

```python
def add_bullet(self, count):
    """装填子弹"""
    self.bullet_count += count
```

```
    print("装填子弹完成,剩余子弹数量: %d" % self.bullet_count)
# 1. 创建枪对象
ak47 = Gun("AK47", 50)
print(ak47)
# 装填子弹
ak47.add_bullet()
ak47.add_bullet(10)
print(ak47)
```

运行结果:

```
型号: AK47,杀伤力: 50,剩余子弹: 0
装填子弹完成,剩余子弹数量: 10
型号: AK47,杀伤力: 50,剩余子弹: 10
```

③实现shoot发射子弹方法。

```
def shoot(self, enemy):
    """向敌人发射子弹"""
    # 1. 判断是否有子弹,如果没有直接返回
    if self.bullet_count <= 0:
        print("没有弹药了,无法射击...")
        return
    # 2. 减少子弹数量
    self.bullet_count -= 1
    print("发射 1 发子弹,剩余: %d" % self.bullet_count)
    # 3. 调用敌人的 hurt 方法,让敌人受伤
    if enemy is not None:
        enemy.hurt(self)
```

提示:由于Player类还没有设计,所以在调用hurt方法前,先判断一下传入的enemy参数是否为None。

在test函数测试发射子弹。

```
# 1. 创建枪对象
ak47 = Gun("AK47", 50)
print(ak47)
ak47.shoot(None)  # 测试没有子弹能否发射
ak47.add_bullet(10)  # 装填子弹
ak47.shoot(None)  # 测试装填子弹后,能否发射,观察子弹数量
print(ak47)
print("-" * 10 + " 枪类测试完成 " + "-" * 10)
```

运行结果:

```
型号: AK47,杀伤力: 50,剩余子弹: 0
没有弹药了,无法射击...
```

```
装填子弹完成,剩余子弹数量: 10
发射 1 发子弹,剩余: 9
型号: AK47,杀伤力: 50,剩余子弹: 9
---------- 枪类测试完成 ----------
```

10.5.2 准备玩家类

①新建玩家类。

```
class Player(object):
    """玩家类"""
    def __init__(self, name, hp=100):
        self.name = name           # 姓名
        self.hp = hp               # 血量
        self.gun = None            # 玩家初始没有枪
    def __str__(self):
        # 判断玩家是否失败
        if self.hp <= 0:
            return "%s 失败 ..." % self.name
        # 判断玩家是否有武器
        if self.gun is None:
            return "%s[%d] 没有武器" % (self.name, self.hp)
        return "%s[%d] 武器: {%s}" % (self.name, self.hp, self.gun)
```

在test函数创建警察和土匪两个对象。

```
# 创建警察和土匪
policeman = Player("警察")  # 默认血量为100
print(policeman)
badman = Player("土匪", 70)  # 血量 为70
print(badman)
# 把 AK47 交给警察
policeman.gun = ak47
print(policeman)
print("-" * 10 + " 玩家类属性准备完成 " + "-" * 10)
```

运行结果:

```
警察[100] 没有武器
土匪[70] 没有武器
警察[100] 武器: {型号: AK47,杀伤力: 50,剩余子弹: 9}
---------- 玩家类属性准备完成 ----------
```

②实现hurt受伤方法。

```
def hurt(self, enemy_gun):
    """玩家被 enemy_gun 击中
```

```
    param enemy_gun: 敌人的枪
    """
    # 1. 用敌人枪的 damage 修改玩家血量
    self.hp -= enemy_gun.damage
    # 2. 判断玩家是否战亡
    if self.hp <= 0:
        print("%s 被 %s 击毙!!!" % (self.name, enemy_gun.model))
    else:
        print("%s 被 %s 击中,剩余血量: %d" % (self.name, enemy_gun.model, self.hp))
```

在 test 函数测试受伤方法。

```
badman.hurt(ak47)
badman.hurt(ak47)
print(badman)
print("-" * 10 + " 受伤方法测试完成 " + "-" * 10)
```

运行结果:

```
土匪 被 AK47 击中,剩余血量: 20
土匪 被 AK47 击毙!!!
土匪 已经战亡 ...
---------- 受伤方法测试完成 ----------
```

③实现 fire 开火方法。

```
def fire(self, enemy):
    """向 enemy 开火
    param enemy: 要射击的敌人
    """
    # 1. 检查是否有武器,如果没有直接返回
    if self.gun is None:
        print("%s 没有武器,请先装配武器" % self.name)
        return

    # 2. 检查 自己的枪 是否有子弹,如果没有,自动装填子弹
    if self.gun.bullet_count <= 0:
        self.gun.add_bullet(10)
    # 3. 让 自己的枪 调用 shoot 方法,射击敌人
    print("%s 正在向 %s 开火 ..." % (self.name, enemy.name))
    self.gun.shoot(enemy)
```

在 test 函数测试开火方法。

```
# 4. 测试警察向土匪开枪
policeman.fire(badman)
policeman.fire(badman)
```

```
print(policeman)
print(badman)
```

小 结

本章介绍了面向对象编程的基本知识,包括类和对象、方法、属性、三大特征(封装、继承和多态)特殊方法与运算符重载的定义与使用,最后开发了一个反恐游戏的简单案例。

习 题

一、填空题

1.面向对象的三大特征是(   )、(   )、(   )。

2.在创建类时,用变量形式表示对象特征的成员,称为(   ),用函数形式表示对象行为的(   )。成员称为(   ),两者统称为类的成员。

3.Python类中定义的方法分为(   )。

4.在Python中被称为析构方法的是(   )。

二、判断题

1.定义类的成员时,私有成员名以两个下画线开头。   (   )

2.类方法既可以访问实例属性,也可以访问类属性。   (   )

3.在只读模式下,不允许删除对象属性。   (   )

4.pass是空语句,是为了保持程序结构的完整。   (   )

5._init_()方法,当创建对象以后,Python解释器默认会调用它。   (   )

三、简答题

1.什么是对象? 什么是类? 简述类和对象的关系。

2.简述实例方法、类方法、静态方法的区别及使用场景。

四、编程题

1.使用加法运算进行重载,把列表[11,32,3,6]和[12,16,12,13]中对应元素进行相加。

2.完成相应类的创建,定义一个哮天犬对象,它将继续 Dog 类的方法,而 Dog 类又会继承 Animal 类的方法,最终哮天犬会继续 Dog 类和 Animal 类的方法。

Animal 类拥有方法:eat(self)、drink(self)、run(self)、sleep(self)

Dog 类拥有方法:bark(self)

XiaoTianQuan 类拥有方法:fly(self)

第**11**章

线程和进程

学习目标

知识目标

1.了解多线程。

2.掌握进程及状态。

3.理解银行家算法。

能力目标

1.能够解决线程共享问题。

2.使用互斥锁解决数据共享。

3.能开发学生信息管理系统。

素质目标

熟悉软件开发流程。

11.1 多任务简介

现实生活中有很多的场景中的事情都是同时进行的,比如开车的时候,手和脚共同来驾驶汽车;再比如唱歌和弹吉他也是可以同时进行的。如下程序,来模拟"唱歌弹吉他"这件事情。

没有多任务的程序:

```python
import time
def sing():
    """唱歌 5 秒钟"""
    for i in range(5):
        print("正在唱歌 ...%d" % i)
        time.sleep(1)
def guitar():
    """跳舞 5 秒钟"""
    for i in range(5):
        print("正在唱弹吉他 ...%d" % i)
        time.sleep(1)
def main():
    sing()
    dance()
if __name__ == "__main__":
    main()
```

很显然上面的程序并没有完成唱歌和弹吉他同时进行的要求,如果想要实现"唱歌"和"弹吉他"同时进行,那么就需要一个新的方法,这种方法称为多任务。

什么叫"多任务"呢? 简单地说,就是操作系统可以同时运行多个任务。打个比方,一个白领的日常工作:一边处理文件、一边接打电话,一边上网查阅资料,这就是多任务,至少同时有3个任务正在运行。

现在多核CPU已经非常普及了,但是,即使过去的单核CPU也可以执行多任务。由于CPU执行代码都是顺序执行的,那么,单核CPU是怎么执行多任务的呢?

答案就是操作系统轮流让各个任务交替执行,任务1执行0.01 s,切换到任务2,任务2执行0.01 s,再切换到任务3,任务3执行0.01 s……这样反复执行下去。表面上看,每个任务都是交替执行的,但是由于CPU的执行速度实在是太快了,人们感觉就像所有任务都在同时执行一样。

真正的并行执行多任务只能在多核CPU上实现,但是,由于任务数量远远多于CPU的核心数量,因此,操作系统也会自动把很多任务轮流调度到每个核心上执行。

注意:

①并发。任务数多于CPU核数,通过操作系统的各种任务调度算法,实现用多个任务"一起"执行(实际上总有一些任务不再执行,因为切换任务的速度相当快,看上去一起执行而已)。

②并行。任务数小于等于CPU核数,即任务真的是一起执行的。

改进代码:

```python
import time
import threading
def sing():
    """唱歌 5 秒钟"""
    for i in range(5):
        print("正在唱歌 ...%d" % i)
        time.sleep(1)
def guitar():
    """跳舞 5 秒钟"""
    for i in range(5):
        print("正在唱弹吉他 ...%d" % i)
        time.sleep(1)
def main():
    t1 = threading.Thread(target=sing)
    t2 = threading.Thread(target=dance)
    t1.start()
    t2.start()
if __name__ == "__main__":
    main()
```

11.2 多线程简介

11.2.1 进程和线程

理解进程和线程的关系是学习线程的基础。进程是指在系统中正在运行的一个应用程序实例,它包括代码加载、执行和执行完毕的一个完整过程,也是进程本身从产生、发展到消亡的过程。多任务操作系统能够同时运行多个程序,即允许多个进程同时存在并运行。

线程是比进程更小的执行单位,是在进程基础上进一步划分的。所谓多线程是指一个进程在执行过程中可以产生多个同时存在、同时运行的线程。多线程机制可以合理利用资源,提高程序运行效率。一个进程至少包含一个线程,程序运行时即自动产生一个线程。

11.2.2 线程实现

Python中实现多线程有两种方式:使用Thread类实现多线程和使用Thread子类实现多线程。

(1)使用Thread类实现多线程

创建线程要执行的函数,把这个函数传递进Thread对象里,让它来执行。

①单线程执行。

```
import time
def study():
    print("日积月累、奋斗前行")
    time.sleep(1)
if __name__ == "__main__":
    for i in range(5):
        study()
```

②多线程执行。

```
import threading
import time
def study():
    print("日积月累、奋勇前行")
    time.sleep(1)
if __name__ == "__main__":
    for i in range(5):
        # 创建一个对象 t
        # 一个程序运行起来,执行程序的东西称为线程
        # Thread 的一个实例对象
        t = threading.Thread(target=study)
        # 当执行到 start 中得到多个线程了,单独执行了
        t.start() #启动线程,即让线程开始执行 ,这是主线程 上面的函数是子线程
```

说明:使用了多线程并发的操作,花费时间要短很多。当调用start()时,才会真正创建线程并开始执行。

(2)使用Thread子类实现多线程

通过继承Thread类完成创建线程,导入threading包,创建一个类继承Thread类,重写run方法,创建类对象,调用start()方法创建线程。

```
# 1. 导入 threading 包
import threading
import time
# 2 创建一个类继承 Thread 类,重写 run 方法
class study(threading.Thread):
    def run(self):#必须定义 run 方法
        print("日积月累、奋勇前行")
        time.sleep(1)
if __name__ == "__main__":
    for i in range(5):
        # 3. 创建类对象
        t = study()
        # 4. 调用 start()方法创建线程
        t.start()
```

11.2.3　线程的开启与结束

①子线程何时开启，何时运行。当调用 thread.start() 时，开启线程，再运行线程的代码。

②子线程何时结束。子线程把 target 指向的函数中的语句执行完毕后，或者线程中的 run 函数代码执行完毕后，立即结束当前子线程。

③查看当前线程数量。通过 threading.enumerate() 可枚举当前运行的所有线程。

④主线程何时结束。所有子线程执行完毕后，主线程才结束。

【例 11-1】线程的运用。

```python
import threading
import time
def test1():
    for i in range(5):
        print("-----跳舞---%d---" % i)
        time.sleep(1) # CPU 调度时,不知道哪个先执行,是随机的
    # 如果创建 Thread 时执行的函数运行结束,那么意味着这个子线程结束了
def test2():
    for i in range(10):
        print("-----唱歌---%d---" % i)
        time.sleep(1)
def main():
    t1 = threading.Thread(target=test1)
    t2 = threading.Thread(target=test2)
    t1.start()
    t2.start()
    while True:
        # threading.enumerate 程序中的所有线程
        print(threading.enumerate())
        if len(threading.enumerate()) <= 1:
            break
        time.sleep(1) # 主线程延迟 1 秒钟 很多了,CPU 一秒钟运算好几万次
if __name__ == "__main__":
    main()
```

想要查看多个线程数时，需要在 test1 函数中添加 sleep。当调用 Thread 时，不会创建线程，当调用 Thread 创建出来的实例对象的 start 方法时，才会创建线程，子线程开始运行。如以下示例：

```python
import threading
import time
def test1():
    for i in range(5):
        print("-----test1---%d---" % i)
```

```
        time.sleep(1)
def main():
    # 在调用 Thread 之前先打印当前线程信息
    print('在调用 Thread 之前先打印当前线程信息')
    print(threading.enumerate())
    t1 = threading.Thread(target=test1) # 只创建一个普通对象,没有创建子线程
    print('在调用 Thread 之后打印')
    # 在调用 Thread 之后打印
    print(threading.enumerate())
    t1.start()    #创建了子线程
    # 在调用 start 之后打印
    print('在调用 start 之后打印')
    print(threading.enumerate())
if __name__ == "__main__":
    main()
```

11.2.4　线程的 join() 方法

先看以下实例:

```
import threading
import time
def run():
    for i in range(5):
        time.sleep(1)
        print(i)
def main():
    t1 = threading.Thread(target=run)
    t1.start()
    print("我会在哪里出现")
if __name__ == '__main__':
    main()
```

为什么主进程(主线程)的代码会先出现呢？因为CPU采用时间片轮询的方式,如果轮询到子线程,发现它要休眠 1 s,它会先运行主线程。所以,CPU的时间片轮询方式可以保证CPU的最佳运行。

如果想主进程输出的那句话运行在结尾就需要用到join()方法。

```
import threading
import time
def run():
    for i in range(5):
    time.sleep(1)
    print(i)
```

```
def main():
    t1 = threading.Thread(target=run)
    t1.start()
    t1.join()
    print("我会在哪里出现")
if __name__ == '__main__':
    main()
```

join()方法可以阻塞主进程(注意:只能阻塞主进程,其他子进程是不能阻塞的),直到t1子线程执行完,再解阻塞。

11.3 线程共享资源问题

11.3.1 共享全局变量问题

多线程开发可能遇到的问题:假设两个线程t1和t2都要对全局变量g_num(默认是0)进行加1运算,t1和t2都各对g_num加10次,g_num的最终的结果应该为20。

但是由于是多线程同时操作,有可能出现下面情况:

①在g_num=0时,t1取得g_num=0。此时系统把t1调整为"sleeping"状态,把t2转换为"running"状态,t2也获得g_num=0。

②t2对得到的值进行加1并赋给g_num,使得g_num=1。

③系统又把t2调整为"sleeping",把t1转为"running"。线程t1又把它之前得到的0加1后赋值给g_num。

④这样导致虽然t1和t2都对g_num加1,但结果仍然是g_num=1。

```
import threading
import time
# 定义一个全局变量
g_num = 0
def test1():
    global g_num
    for i in range(100000000):
        g_num += 1
    print("-----在函数test1中 g_num=%d=----" % g_num)
def test2():
    global g_num
    for i in range(10000000):
        g_num += 1
    print("-----在函数test2中 g_num=%d----" % g_num)
def main():
    t1 = threading.Thread(target=test1)
    t2 = threading.Thread(target=test2)
```

```
    t1.start()
    # 延时一会儿,保证 t1 线程中的事情做完
    time.sleep(1)
    t2.start()
    time.sleep(1)
    print("-----主线程结束之后 g_num=%d---" % g_num)
if __name__ == "__main__":
    main()
```

比较神奇的是,不是每个线程都自加 1 000 万次吗? 照理来说,应该最后的结果是 2 000万才对的呀。问题出在哪里呢?

CPU 是采用时间片轮询的方式进行几个线程的执行。假设 CPU 先轮询到 work1(),num 此时为 100,在运行到第 10 行时,时间结束了。此时,赋值了,但是还没有自加,即 temp=100,num=100。然后,时间片轮询到了 work2(),进行赋值自加,num=101 了。又回到 work1()的断点处,num=temp+1,temp=100,所以 num=101。就这样,num 少了一次自加。在次数多了之后,这样的错误积累在一起,结果只得到 158806。这就是线程安全问题!

11.3.2　使用互斥锁解决数据共享

当多个线程几乎同时修改某一个共享数据时,需要进行同步控制,线程同步能够保证多个线程安全访问竞争资源(全局内容),最简单的同步机制就是引入互斥锁。

互斥锁为资源引入一个状态:锁定/非锁定。

某个线程要更改共享数据时,先将其锁定,此时资源的状态为"锁定",其他线程不能更改;直到该线程释放资源,将资源的状态变成"非锁定",其他线程才能再次锁定该资源。互斥锁保证每次只有一个线程进行写入操作,从而保证在多线程情况下数据的正确性。

threading 模块中定义了 Lock 类,可以方便地处理锁定。

```
# 创建锁
mutex = threading.Lock()
# 锁定
mutex.acquire()
# 释放
mutex.release()
```

使用互斥锁解决数据共享问题。

```
import threading
import time
# 定义一个全局变量
g_num = 10000000
def test1():
    global g_num
    # 上锁,如果之前没有被上锁,那么此时 上锁成功
    # 如果上锁之前 已经被上锁了,那么此时会堵塞在这里,直到 这个锁被解开位置
```

```
    mutex.acquire()
    for i in range(10000000):
        g_num += 1
    # 解锁
    mutex.release()
    print("-----在函数 test1 中 g_num=%d=----" % g_num)
def test2():
    global g_num
    mutex.acquire()
    for i in range(10000000):
        g_num += 1
    mutex.release()
    print("-----在函数 test2 中 g_num=%d----" % g_num)
# 创建一个互斥锁,默认是没有上锁的
mutex = threading.Lock()
def main():
    t1 = threading.Thread(target=test1)
    t2 = threading.Thread(target=test2)
    t1.start()
    # 延时一会儿,保证 t1 线程中的事情做完
    time.sleep(1)
    t2.start()
    time.sleep(1)
    print("-----主线程结束之后 g_num=%d---" % g_num)
if __name__ == "__main__":
    main()
```

上锁、解锁的过程是当一个线程调用锁的acquire()方法获得锁时,锁就进入"locked"状态。每次只有一个线程可以获得锁。如果此时另一个线程试图获得这个锁,该线程就会变为"blocked"状态,称为"阻塞",直到拥有锁的线程调用锁的release()方法释放锁之后,锁进入"unlocked"状态。线程调度程序从处于同步阻塞状态的线程中选择一个来获得锁,并使得该线程进入运行"running"状态。

11.3.3 死 锁

在线程间共享多个资源时,如果两个线程分别占有一部分资源并且同时等待对方的资源,就会造成死锁。

尽管死锁很少发生,但一旦发生就会造成应用的停止响应。下面是一个死锁的例子。

```
import threading
import time
class MyThread1(threading.Thread):
    def run(self):
        # 对 mutexA 上锁
```

```
        mutexA.acquire()
        # mutexA 上锁后,延时 1 秒,等待另外那个线程 把 mutexB 上锁
        print(self.name+'----do1---up----')
        time.sleep(1)
        # 此时会堵塞,因为这个mutexB 已经被另外的线程抢先上锁了
        mutexB.acquire()
        print(self.name+'----do1---down----')
        mutexB.release()
        # 对 mutexA 解锁
        mutexA.release()
class MyThread2(threading.Thread):
    def run(self):
        # 对 mutexB 上锁
        mutexB.acquire()
        # mutexB 上锁后,延时 1 秒,等待另外那个线程 把 mutexA 上锁
        print(self.name+'----do2---up----')
        time.sleep(1)
        # 此时会堵塞,因为这个mutexA 已经被另外的线程抢先上锁了
        mutexA.acquire()
        print(self.name+'----do2---down----')
        mutexA.release()
        # 对 mutexB 解锁
        mutexB.release()
mutexA = threading.Lock()
mutexB = threading.Lock()
if __name__ == '__main__':
    t1 = MyThread1()
    t2 = MyThread2()
    t1.start()
    t2.start()
```

11.3.4 避免死锁（银行家算法）

(1)背景知识

一个银行家如何将一定数目的资金安全地借给若干个客户,使这些客户既能借到钱完成要干的事,同时银行家又能收回全部资金而不至于破产,这就是银行家问题。这个问题同操作系统中资源分配问题十分相似。银行家就像一个操作系统,客户就像运行的进程,银行家的资金就是系统的资源。

(2)问题的描述

一个银行家拥有一定数量的资金,有若干个客户要贷款。每个客户须在一开始就声明他所需贷款的总额。若该客户贷款总额不超过银行家的资金总数,银行家可以接受客户的要

求。客户贷款是以每次一个资金单位(如 1 万等)的方式进行的,客户在借满所需的全部单位款额之前可能会等待,但银行家须保证这种等待是有限的,可完成的。

例如,有 3 位客户 C1、C2 和 C3 向银行家借款,该银行家的资金总额为 10 个资金单位,其中 C1 客户要借 9 个资金单位,C2 客户要借 3 个资金单位,C3 客户要借 8 个资金单位,总计 20 个资金单位。某一时刻的状态如图 11-1 所示。

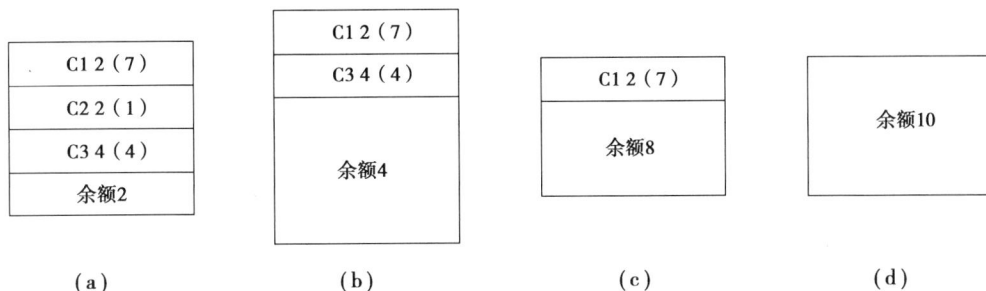

图 11-1　银行资金某一时刻的状态

对于图 11-1(a)的状态,按照安全序列的要求,我们选的第一个客户应满足该客户所需的贷款小于等于银行家当前所剩余的钱款,可以看出只有 C2 客户能被满足,于是银行家把 1 个资金单位借给 C2 客户,使之完成工作并归还所借的 3 个资金单位的钱,进入图 11-1(b)。同理,银行家把 4 个资金单位借给 C3 客户,使其完成工作,在图 11-1(c)中,只剩一个客户 C1,它需要 7 个资金单位,这时银行家有 8 个资金单位,所以 C1 也能顺利借到钱并完成工作。最后银行家收回全部 10 个资金单位,保证不赔本,如图 11-1(d)所示。那么客户序列{C1,C2,C3}就是个安全序列,按这个序列贷款,银行家才是安全的。否则的话,若在图 11-1(b)状态时,银行家把手中的 4 个资金单位借给了 C1,则出现不安全状态。这时 C1、C3 均不能完成工作,而银行家手中又没有钱了,系统陷入僵持局面,银行家也不能收回投资。

综上所述,银行家算法是从当前状态出发,逐个按安全序列检查各客户谁能完成其工作,然后假定其完成工作且归还全部贷款,再检查下一个能完成工作的客户⋯⋯如果所有客户都能完成工作,则找到一个安全序列,银行家才是安全的。

11.4　进程以及状态

11.4.1　进　程

程序:如 xxx.py 这段可执行的代码就是一个程序,它是一个静态的。

进程:一个程序运行后,代码加用到的资源称为进程,它是操作系统分配资源的基本单元。不仅线程完成多任务,进程也是可以的。

进程的状态:工作中,任务数往往大于 CPU 核数,即一定有一些任务正在执行,而另外一些任务在等待 CPU 进行执行,因此产生了不同的状态,如图 11-2 所示。

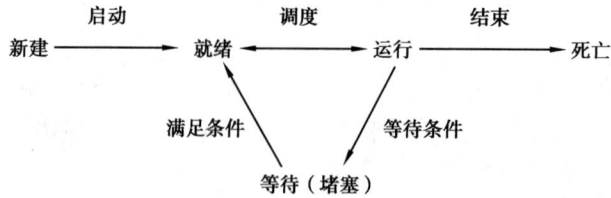

图11-2 进程运行流程图

就绪：运行的条件都已准备充分，正在等 CPU 执行。

运行：CPU 正在执行其功能。

等待：等待某些条件满足，如一个程序 sleep 了，此时就处于等待状态。

11.4.2 进程的创建

multiprocessing 模块就是跨平台版本的多进程模块，提供了一个 Process 类来代表一个进程对象，这个对象可以理解为是一个独立的进程，可以执行另外的事情。

【例 11-2】while 循环一起执行。

```
from multiprocessing import Process
import time
def run_proc():
    """子进程要执行的代码"""
    while True:
        print("----2----")
        time.sleep(1)
if __name__=='__main__':
    p = Process(target=run_proc)
    p.start()
    while True:
        print("----1----")
        time.sleep(1)
```

说明：创建子进程时，只需要传入一个执行函数和函数的参数，创建一个 Process 实例，用 start() 方法启动。

①获取 pid（进程号）。

```
from multiprocessing import Process
import os
import time
def run_proc():
    """子进程要执行的代码"""
    print('子进程运行中,pid=%d...' % os.getpid())   # os.getpid 获取当前进程的进程号
    print('子进程将要结束 ...')
if __name__ == '__main__':
    print('父进程 pid: %d' % os.getpid())   # os.getpid 获取当前进程的进程号
```

```
p = Process(target=run_proc)
p.start()
```

Process语法结构：

```
Process([group [, target [, name [, args [, kwargs]]]]])
```

- group：指定进程组，大多数情况下用不到。
- target：如果传递了函数的引用，可以认为这个子进程就执行这里的代码。
- name：给进程设定一个名字，可以不设定。
- args：给 target 指定的函数传递的参数，以元组的方式传递。
- kwargs：给 target 指定的函数传递命名参数。

Process创建的实例对象的常用方法：

- start()：启动子进程实例（创建子进程）。
- is_alive()：判断进程子进程是否还在进行。
- join([timeout])：是否等待子进程执行结束，或等待多少秒。
- terminate()：不管任务是否完成，立即终止子进程。

Process创建的实例对象的常用属性：

- name：当前进程的别名，默认为 Process-N，N 为从 1 开始递增的整数。
- pid：当前进程的 pid（进程号）。

②创建 process。

```
from multiprocessing import Process
import os from time import sleep
def run_proc(name, age, **kwargs):
    for i in range(10):
        print('子进程运行中,name= %s,age=%d ,pid=%d...' % (name, age, os.getpid()))
        print(kwargs)
        sleep(0.2)
if __name__=='__main__':
    p = Process(target=run_proc, args=('test',18), kwargs={"m":20})
    p.start()
    sleep(1)   # 1秒钟之后,立即结束子进程
    p.terminate()
    p.join()
```

11.4.3 进程和线程的区别

进程是系统进行资源分配和调度的一个独立单位。线程是进程的一个实体，是CPU调度和分派的基本单位，它是比进程更小的、能独立运行的基本单位。线程自身基本上不拥有系统资源，只拥有一点在运行中必不可少的资源（如程序计数器、一组寄存器和栈），但是它可与同属一个进程的其他线程共享进程所拥有的全部资源。一个程序至少有一个进程，一个进程至少有一个线程。线程的划分尺度小于进程（资源比进程少），使得多线程程序的并发性高。

进程在执行过程中拥有独立的内存单元，而多个线程共享内存，从而极大地提高了程序的运行效率，线程不能够独立执行，必须依存在进程中。可以将进程理解为工厂中的一条流水线，而其中的线程就是这个流水线上的工人。线程和进程在使用上各有优缺点：线程执行开销小，但不利于资源的管理和保护；而进程正相反。

小　结

进程是指在系统中正在运行的一个应用程序实例，多线程是指一个进程在执行过程中可以产生多个同时存在、同时运行的线程。多线程机制可以合理利用资源，提高程序运行效率。一个进程至少包含一个线程，程序运行时即自动产生一个线程。Python中实现多线程有两种方式：使用Thread类实现多线程和使用Thread子类实现多线程。

```
t1 = threading.Thread(target=test1)
```

通过threading.Thread创建线程，线程对哪里执行，要看后面的target，只写函数名。

t1.start()，多线程开发可能遇到共享资源问题，如果多个线程同时对同一个全局变量操作，会出现资源竞争问题，从而数据结果会不正确。

习　题

一、简答题

1.什么是线程？在Python3中创建线程有哪两种方式？

2.线程之间的同步可以采用哪几种方式？

3.什么是进程？在Python3中使用进程与使用线程相比有什么优点？

二、编程题

1.编程实现通过多线程的方式来求2000～3000的所有素数。

2.编程通过Popen类实现多进程的方式来求2000～3000的所有素数。

第12章

网络通信

学习目标

知识目标

1.了解网络通信。

2.了解TCP网络编程。

3.掌握Update网络编程。

能力目标

1.能使用TCP建立客户端和服务端。

2.能使用UDP建立客户端和服务端。

3.能够创建多线程UDP聊天器。

素质目标

1.具有知识迁移和继续学习的能力。

2.具有良好的职业道德和职业素养。

12.1　网络通信概述

作为网络程序的开发者,无论开发的是服务器端程序还是客户端程序,都需要掌握计算机网络方面的基础知识,这样才能在网络编程时游刃有余,此处仅对计算机网络相关知识作出必要的介绍,详细的内容可参考相关资料。

(1)计算机网络

计算机网络是一些相互连接的自主计算机或设备的集合,它是计算机技术和通信技术相结合的产物。这些计算机之间的连接可以使用任何一种能够通信的介质,比如网线、光纤、微波、红外线,甚至通信卫星。而自主计算机或设备可以是如大型计算机、微型计算机、笔记本电脑、平板电脑、手机、路由器、调制解调器等。

计算机网络根据其覆盖的地域范围的大小分为局域网、城域网和广域网。而其中局域网(LAN)的作用范围最小,一般为一个单位、一幢楼、一间办公室或一个家庭的网络,有的甚至只有两台计算机。城域网(MAN)的作用范围一般是一个城市或几个街区等,可以为一个或几个单位拥有,也可以是公用的,能将多个局域网互联。广域网(WAN)的作用范围更大,可以是一个省、一个国家甚至是全球。现在看到的网络大多是相互连接在一起的,就形成了互联网络,即互联网(Internet)。

(2)网络协议

网络协议是网络中进行数据交换与传输所需要的规则、标准或约定,主要由语法(数据与信息的结构形式)、语义和同步(事件的实现顺序)3个要素组成。

世界上最先提出的协议理论模型是由国际标准化组织(ISO)提出的开放系统互联基本参考模型(OSI),它采用的是七层协议的体系结构。虽然OSI清晰完整,但终因复杂又不实用而没有得到使用。另一方面,使用了简化的OSI的TCP/IP协议却得到了非常广泛的应用,它是一个四层的体系结构,包括应用层、传输层、网际(络)层和网络接口层(硬件层)。

TCP/IP协议其实是一个协议簇,不仅包括TCP和IP协议,还包括UDP、FTP、HTTP、SMTP等,如图12-1所示。

ISO/OSI模型	TCP/IP协议					TCP/IP模型
应用层	文件传输协议（FTP）	远程登录协议（Telnet）	电子邮件协议（SMTP）	网络文件服务协议（NFS）	网络管理协议（SNMP）	应用层
表示层						
会话层						
传输层	TCP		UDP			传输层
网络层	IP	ICMP	ARP	RARP		网际层
数据链路层	Ethernet IEEE 802.3	FDDI	Token-Ring/ IEEE 802.5	ARCnet	PPP/SLIP	网络接口层
物理层						硬件层

图12-1　TCP/IP模型与OSI模型的对比

这种分层的协议结构还表示出，上层协议需要传输的数据，应该交给它紧邻的下层。而应用层和传输层分别有两个以上协议，因此对于应用层来说，不同的协议数据可以通过传输层的不同协议来传输。例如，同是文件传输协议，FTP 协议在传送数据时就使用下层的 TCP 协议，而 TFTP 协议使用下层的 UDP 协议进行数据传输。

(3)IP 地址与端口号

在互联网上同时连接的计算机数量庞大，要想与某一台计算机进行数据传输，就必须要先找到对方计算机。在 TCP/IP 协议中的网络层的 IP 协议提供了网络上的计算机地址系统，即 IP 地址。

使用广泛的 IP 地址是 IPv4 版本的地址，采用 32 位二进制代码表示的网络地址，为了方便人们使用，将 32 位二进制代码划分为 4 个 8 位的二进制代码，并将其转换为十进制数，中间用点分开，称为点分十进制表示法。如图 12-2 所示，实际的 IP 地址 01111101000011011001101000110101，用点分十进制表示法则为 125.13.154.53。

01111101	00001101	10011010	00110101
125	13	154	53

图12-2　IP 地址转换

在同一台计算机中可以同时运行多个网络程序，协议又如何区分这不同的网络程序所传输的数据呢？ 这涉及端口的使用。TCP/IP 协议规定端口值范围为 0~65535，共 65536 个。而在同一台计算机上，TCP 和 UDP 都有自己的端口范围，其范围也相同且并不冲突。

端口在 TCP/IP 协议中共分为 3 类：

0 ~ 1023 称为周知端口，一般都有固定的协议使用；

1024 ~ 49151 称为注册端口，程序员可以自由注册使用；

49152 ~ 65535 称为动态端口，由操作系统动态分配。

比如常用的 FTP 协议端口号为 21，HTTP 常用端口为 80 等。而程序员开发期间可以根据自己开发的应用和所用计算机情况来使用端口。如开发 Web 服务器，也可以使用 80 端口（计算机没有使用 80 端口服务），但一般在开发阶段会使用上述分类的注册端口。待完成后部署时，改为 80 端口也可以。

因此，在编写服务器端程序时，应该指定服务的 IP 地址与端口；而在编写客户端程序时，应该指定要连接的服务器的 IP 地址与端口。而在开发阶段，由于调试程序可能只在开发者的一台计算机上同时运行服务器与客户端，这时可以指定一个特殊的 IP 地址，即 127.0.0.1（回环地址）或直接用字符串 localhost 来代表本机。当程序实际部署时，应根据所部署的计算机来指定 IP 地址与端口即可。

12.2　Socket 简介

TCP/IP 协议中的 TCP 和 UDP 协议都通过一种套接字(Socket)来实现网络功能。套接字是一种类文件对象，它使程序能接受客户端的连接或建立对客户端的连接，用以发送和接收数据。不论是客户端程序还是服务器端程序，为了进行网络通信，都要创建套接字对象。它能实现不同主机间的进程间通信,网络上各种各样的服务大多是基于Socket来完成通信的,例如每天浏览网页、QQ聊天、收发邮件等。

在Python中使用socket模块的函数完成套接字创建:

```
socket.socket(AddressFamily, Type)
```

套接字使用流程与文件的使用流程很类似,先创建套接字对象,再使用套接字收/发数据,最后关闭套接字对象。

函数socket.socket创建一个socket,该函数带有两个参数。

①AddressFamily:可以选择AF_INET(用于Internet进程间通信)或者AF_UNIX(用于同一台机器进程间通信),实际工作中常用AF_INET。

②Type:套接字类型,可以是SOCK_STREAM(流式套接字,主要用于TCP协议)或者SOCK_DGRAM(数据报套接字,主要用于UDP协议)。

创建一个tcp socket(tcp套接字)。

```
import socket
# 创建tcp的套接字
s = socket.socket(socket.AF_INET, socket.SOCK_STREAM)
# ... 这里是使用套接字的功能(省略)...
# 不用的时候,关闭套接字
s.close()
```

创建一个udp socket(udp套接字)。

```
import socket
# 创建udp的套接字
s = socket.socket(socket.AF_INET, socket.SOCK_DGRAM)
# ... 这里是使用套接字的功能(省略)...
# 不用时,关闭套接字
s.close()
```

12.3　TCP网络编程

使用TCP协议编写网络程序,需要提供服务器端程序和客户端程序。服务器端与客户端程序的操作过程类似于114查号台与普通电话之间的关系,运行时必须先有114查号台(服务器端程序)和普通电话(客户端程序)才能拨打、查号。在114查号台(服务器端程序)有一个总机专门接听拨打进来的电话,但总机并不直接实行对话,而是将电话分配到空闲的分机进行处理。当没有空闲分机时,提示客户坐席忙、需要排队等候,当等候服务的电话到达一定数量时,总机将彻底拒绝新拨打进来的电话。

TCP通信模型中,在通信开始之前,一定要先建立相关的链接,才能发送数据,类似于生活中的"打电话"。

由图12-3可以看出,客户机与服务器的关系是不对称的。所谓的服务器端就是提供服务的一方,而客户端就是需要被服务的一方。

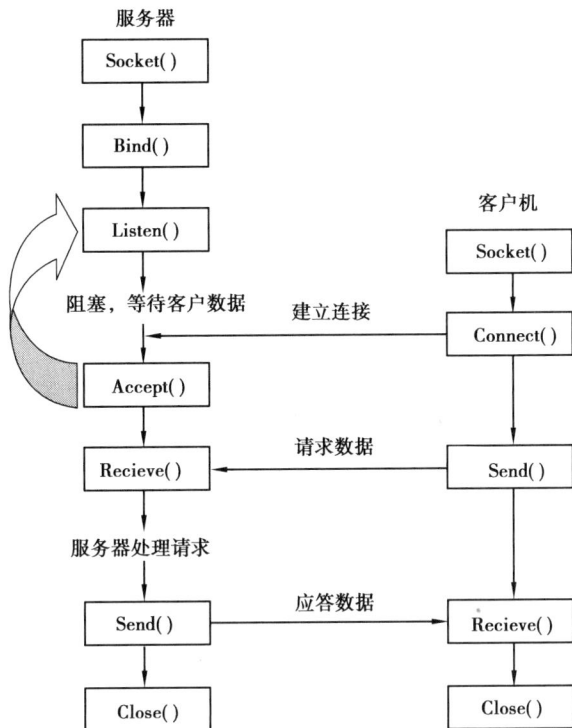

服务器

Socket( )

Bind( )

Listen( )

阻塞，等待客户数据

Accept( )

Recieve( )

服务器处理请求

Send( )

Close( )

客户机

Socket( )

建立连接

Connect( )

请求数据

Send( )

应答数据

Recieve( )

Close( )

图12-3　面向连接TCP的时序图

如果想要完成一个TCP服务器的功能(买座机接听电话为例子)，需要的流程如下：

①socket创建一个监听套接字(买座机)。

②bind绑定ip和port(插电话卡)。

③listen使套接字变为可以被动链接(接电话服务要开通)，套接字默认是连接别人，需要化主动为被动。

④accept等待客户端的链接(等待别人给你打电话)。

⑤返回新的通信套接字，和地址(主机把这个连接转移给一个客服，然后给出来电显示)。

⑥recv/send接收/发送数据(接通电话，进行交流)。

对于TCP C/S，服务器首先启动，然后在某一时刻启动客户机与服务器建立连接。服务器与客户机开始都必须调用Socket()建立一个套接字，然后服务器调用Bind()将套接字与一个本机指定端口绑定在一起，再调用Listen()使套接字处于一种被动的准备接收状态，这时客户机建立套接字便可以通过调用Connect()和服务器建立连接，服务器就可以调用Accept()来接收客户机连接。然后继续监听指定端口，并发出阻塞，直到下一个请求出现，从而实现多个客户机连接。在连接建立之后，客户机和服务器之间就可以通过连接发送和接收数据。最后，待数据传送结束，双方调用Close()关闭套接字。

在Python的Socket模块中Socket对象提供的函数见表12-1。

表12-1　Socket模块中Socket对象提供的函数

函数	描述
服务器端套接字	
s.bind()	绑定地址(host,port)到套接字,在AF_INET下,以元组(host,port)的形式表示地址
s.listen()	开始TCP监听。backlog指定在拒绝连接之前,操作系统可以挂起的最大连接数量。该值至少为1,大部分应用程序设为5就可以了
s.accept()	被动接受TCP客户端连接,(阻塞式)等待连接的到来
客户端套接字	
s.connect()	主动初始化TCP服务器连接,一般address的格式为元组(hostname,port),如果连接出错,返回socket.error错误
s.connect_ex()	connect()函数的扩展版本,出错时返回出错码,而不是抛出异常
公共用途的套接字函数	
s.recv()	接收TCP数据,数据以字符串形式返回,bufsize指定要接收的最大数据量。flag提供有关消息的其他信息,通常可以忽略
s.send()	发送TCP数据,将string中的数据发送到连接的套接字。返回值是要发送的字节数量,该数量可能小于string的字节大小
s.sendall()	完整发送TCP数据。将string中的数据发送到连接的套接字,但在返回之前会尝试发送所有数据。成功返回None,失败则抛出异常
s.recvfrom()	接收UDP数据,与recv()类似,但返回值是(data,address)。其中data是包含接收数据的字符串,address是发送数据的套接字地址
s.sendto()	发送UDP数据,将数据发送到套接字,address是形式为(ipaddr,port)的元组,指定远程地址。返回值是发送的字节数
s.close()	关闭套接字
s.getpeername()	返回连接套接字的远程地址。返回值通常是元组(ipaddr,port)
s.getsockname()	返回套接字自己的地址。通常是一个元组(ipaddr,port)
s.setsockopt(level,optname, value)	设置给定套接字选项的值
s.getsockopt(level,optname[.buflen])	返回套接字选项的值
s.settimeout(timeout)	设置套接字操作的超时期,timeout是一个浮点数,单位是秒。值为None表示没有超时期。一般地,超时期应该在刚创建套接字时设置,因为它们可能用于连接的操作(如connect())
s.gettimeout()	返回当前超时期的值,单位是秒,如果没有设置超时期,则返回None
s.fileno()	返回套接字的文件描述符

续表

函数	描述
s.setblocking(flag)	如果flag为0,则将套接字设为非阻塞模式,否则将套接字设为阻塞模式(默认值)。非阻塞模式下,如果调用recv()没有发现任何数据,或send()调用无法立即发送数据,那么将引起socket.error异常
s.makefile()	创建一个与该套接字相关联的文件

12.4　用socket建立服务器端程序

在 Python 标准库中,使用socket模块中提供的socket对象,就可以在计算机网络中建立服务器与客户端,并且能够进行通信。服务器端需要建立一个socket对象,并等待客户端的连接。客户端使用socket对象与服务器端进行连接,一旦连接成功,客户端和服务器端就可以进行通信了。socket模块中的socket对象是socket网络编程的基础对象,其初始化原型如下:

```
socket(family, type, proto)
```

其参数含义如下:

family:地址族,可选参数。默认为 AF_INET(IPv4),也可以是 AF_INET6 或 AF_UNIX。

Type: socket 类型,可选参数。默认为 SOCK_STREAM(TCP 协议),也可用SOCKET_DGRAM(UDP 协议)。

proto:协议类型,可选参数,默认为 0。

作为服务器端的socket对象,主要应用以下这些常用的方法。

①bind(address):其参数 address 是由 IP 地址和端口组成的元组,如"('127.0.0.1',1051)"。如果IP地址为空,则表示本机。它的作用是使socket和服务器服务地址相关联。

②listen(backlog):参数 backlog 指定在拒绝连接之前,操作系统允许它的最大挂起连接数量。最小值为0(如果用户使用了更小的值,则会自动被置为0),大部分程序最多设置为5就足够了。该方法将socket设置为服务器模式,之后就可以调用以下的accept()方法等待客户端的连接。

③accept():它会等待进入的连接,并返回一个由新建的与客户端的socket连接和客户端地址组成的元组,而客户的地址也是一个由客户端IP地址和端口组成的元组。

④close():显而易见,这个方法的作用就是关闭该socket,停止本程序与服务器或客户端的连接。

⑤recv(buffersize[,flag]):用于接收远程连接发来的信息,并返回该信息。buffersize 可以设定缓冲区的大小。

⑥send(data[, flags]):用于向连接的远端发送信息,data 是 bytes 类型的数据,其返回值为已传送的字节数。而建立服务器端的socket 就要依次使用这几种方法,其基本顺序如图 12-4所示。

接收数据

| c.recv( ) |
| c.send( ) |

发送数据

| s=socket( ) | → | s.bind( ) | → | s.listen( ) | → | c,a=s.accept( ) | → | s.close( ) |
| 建立套接字 | | 绑定本机地址 | | 开始监听 | | 等待连接 | | 关闭套接字 |

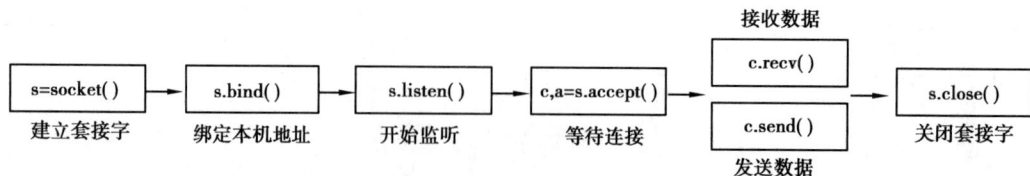

图12-4　socket服务器建立流程图

以 TCP 连接方式使用 socket 建立一个简单的服务器端程序,基本功能是将收到的信息直接发回客户端,代码如下:

```
from socket import *
# 创建socket
tcp_server_socket = socket(AF_INET, SOCK_STREAM)
# 本地信息
address = ('', 7788)
# 绑定
tcp_server_socket.bind(address)
# 使用socket创建的套接字,默认的属性是主动的,使用listen将其变为被动的,这样就可以接收别
人的链接了,listen里的数字表征同一时刻能连接客户端的程度
tcp_server_socket.listen(128)
# 如果有新的客户端来连接服务器,那么就产生一个新的套接字专门为这个客户端服务,cli-
ent_socket用来为这个客户端服务,tcp_server_socket就可以省下来专门等待其他新客户端的链
接,clientAddr是元组(ip,端口)
client_socket, clientAddr = tcp_server_socket.accept()
# 接收对方发送过来的数据,和udp不同返回的只有数据
recv_data = client_socket.recv(1024)   # 接收1024个字节
print('接收到的数据为:', recv_data.decode('gbk'))
# 发送一些数据到客户端
client_socket.send("thank you !".encode('gbk')) #
# 关闭为这个客户端服务的套接字,只要关闭了,就意味着不能再为这个客户端服务了,如果还需要服务,
只能重新连接
client_socket.close()
```

12.5　用 socket 建立客户端程序

相比用 socket 建立服务器端而言,建立客户端程序要简单得多。当然还是需要创建一个 socket 的实例,而后调用这个 socket 实例的 connect() 方法来连接服务器端即可。这个方法原型如下:

```
connect(address)
```

参数 address 通常也是一个元组(由一个主机名/IP 地址,端口构成),当然要连接本地计算机的话,主机名可直接使用'localhost',它用于将 socket 连接到远程以 address 为地址的计

算机。

用socket建立客户端程序的基本流程,如图12-5所示。

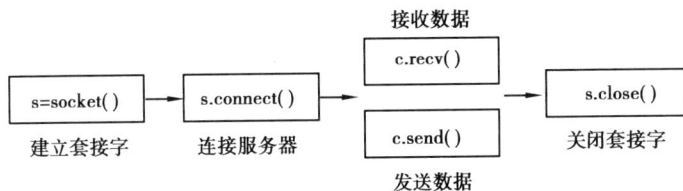

图12-5 用socket建立客户端流程图

以TCP连接方式使用socket建立一个简单的客户端程序,基本功能是从键盘录入的信息发送给服务器,并从服务器接收信息,代码如下:

```
# 导入 socket
from socket import *
# 1. 创建 socket(SOCK_STREA:表示是 TCP)
tcp_client_socket = socket(AF_INET, SOCK_STREAM)
# 目的信息
server_ip = input("请输入服务器 ip:")
server_port = int(input("请输入服务器 port:"))
# 2. 连接服务器
tcp_client_socket.connect((server_ip, server_port))
# 提示用户输入数据
send_data = input("请输入要发送的数据:")
tcp_client_socket.send(send_data.encode("gbk"))
# 接收对方发送过来的数据,最大接收 1024 个字节
recvData = tcp_client_socket.recv(1024)
print('接收到的数据为:', recvData.decode('gbk'))
# 3. 关闭套接字
tcp_client_socket.close()
```

运行结果:

```
E:\untitled\venv\Scripts\python.exe E:/untitled/te.py
请输入服务器 ip:10.11.65.200
请输入服务器 port:8080
请输入要发送的数据:你好,这是每一次通信!
```

12.6 用socket建立基于UDP协议的服务器与客户端程序

通过使用socket应用传输层的UDP协议建立服务器与客户程序,从步骤上来看,比使用TCP协议还要简单一点。发送和接收数据使用socket对象的主要方法如下:

```
recvfrom(bufsize[, flags])   # bufsize 用来指定缓冲区大小
```

该方法主要用来从socket接收数据，常用于连接UDP协议。

```
sendto(bytes, address)
```

参数bytes是要发送的数据，address是发送信息的目标地址，仍然是由目录IP地址和端口构成的元组。主要用来通过UDP协议将数据发送到指定的服务器端。用socket建立基于UDP协议的服务器流程，如图12-6所示。

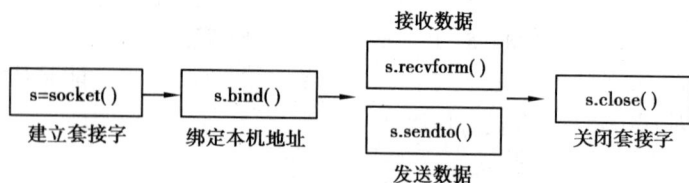

接收数据

s=socket( ) → s.bind( ) → s.recvform( ) → s.close( )
建立套接字   绑定本机地址   s.sendto( )   关闭套接字
                          发送数据

图12-6　UDP协议的服务器流程图

用socket建立基于UDP协议的客户端流程，如图12-7所示。

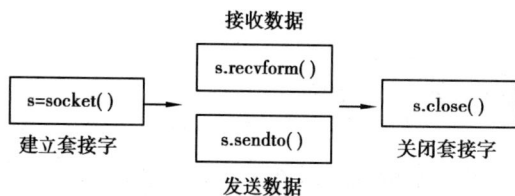

接收数据

s=socket( ) → s.recvform( ) → s.close( )
建立套接字   s.sendto( )   关闭套接字
             发送数据

图12-7　UDP协议的客户端流程图

12.6.1　UDP网络程序：发送数据

创建一个基于UDP的网络程序流程，如图12-8所示。

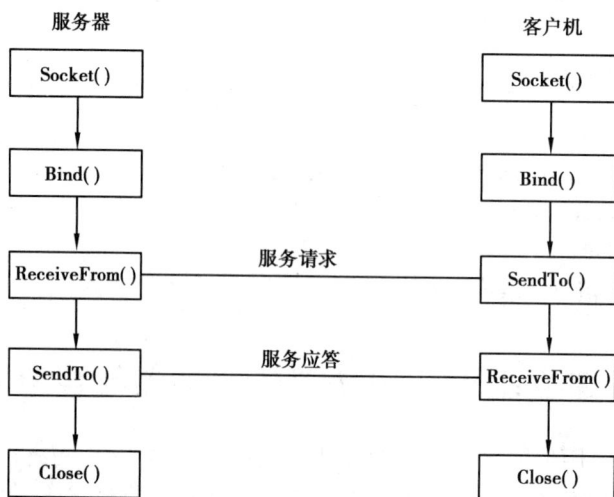

服务器   客户机
Socket( )   Socket( )
Bind( )   Bind( )
ReceiveFrom( ) ——服务请求——   SendTo( )
SendTo( )   ——服务应答——   ReceiveFrom( )
Close( )   Close( )

图12-8　无连接UDP的时序图

代码如下:

```
from socket import *
# 1. 创建 udp 套接字
udp_socket = socket(AF_INET, SOCK_DGRAM)
# 2. 准备接收方的地址 ,'192.168.31.132' 表示目的 ip 地址, 8080 表示目的端口
dest_addr = ('192.168.31.132', 8080)  # 注意 是元组,ip 是字符串,端口是数字
# 3. 从键盘获取数据
send_data = input("请输入要发送的数据:")
# 4. 发送数据到指定的计算机上的指定程序中
# udp_socket.sendto(内容(必须是 bytes 类型), 对方的 ip 以及 port)
udp_socket.sendto(send_data.encode('gbk'), dest_addr)
# 5. 关闭套接字
udp_socket.close()
```

运行发送信息如图 12-9 所示,图 12-10 为在 Windows 环境中运行"网络调试助手"。

D:\Anaconda3\python.exe D:/PycharmProjects/2048/Father.py
请输入要发送的数据:大家好,这是第一次使用UDP发送数据

图 12-9 运行发送信息

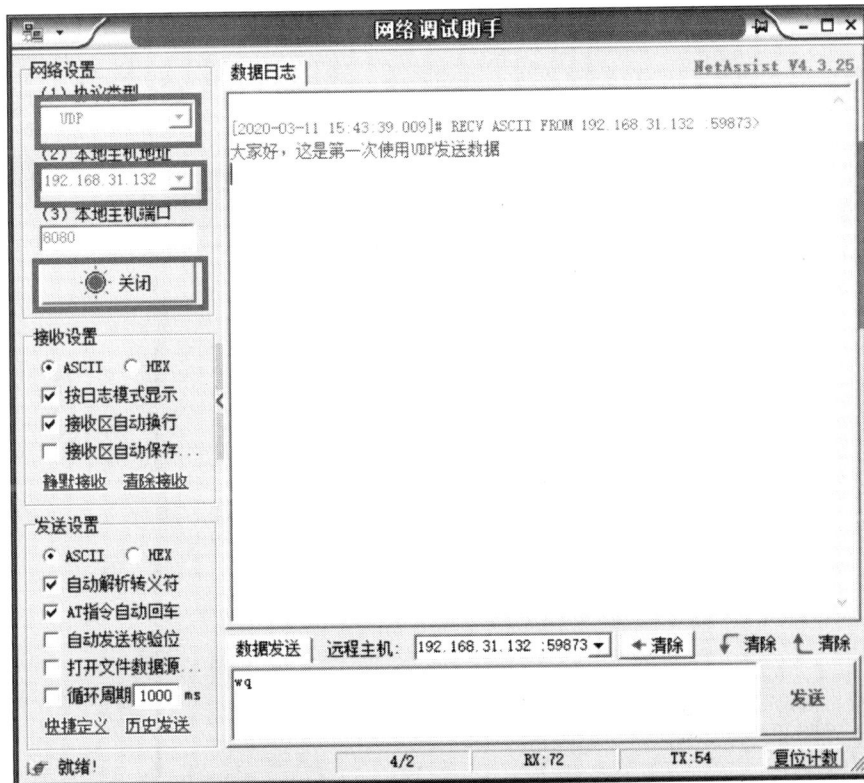

图 12-10 Windows 环境中运行"网络调试助手"

循环发送数据：

```
import socket
def main():
    # 创建一个udp套接字
    udp_socket = socket.socket(socket.AF_INET, socket.SOCK_DGRAM)
    while True:
        # 从键盘获取数据
        send_data = input("请输入要发送的数据:")
        # 可以使用套接字收发数据
        udp_socket.sendto(send_data.encode("utf-8"), ("192.168.31.132", 8080))
    # 关闭套接字
    udp_socket.close()
if __name__ == "__main__":
    main()
```

带退出功能的发送。

```
send_data = input("请输入要发送的数据:")
# 如果输入的数据是exit,那么就退出程序
if send_data == "exit":
    break
```

12.6.2　UDP网络程序：解决端口号变化问题

重新运行多次脚本，然后在"网络调试助手"中，看到端口不断变化的现象，如图12-11所示。

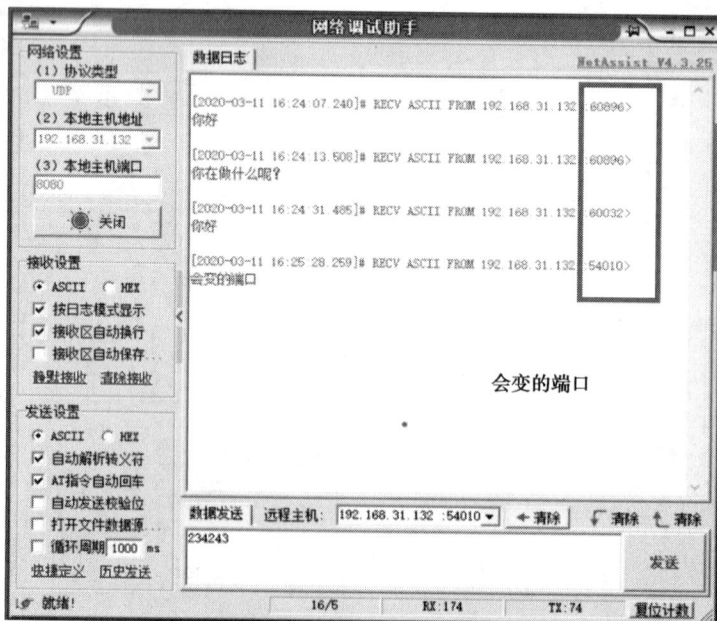

图12-11　解决UDP网络调试助手端口问题

说明：

①每重新运行一次网络程序,图 12-11 中方框中的数字不一样的原因在于,这个数字标识这个网络程序,当重新运行时,如果没有确定到底用哪个,系统默认会随机分配。

②这个网络程序在运行的过程中,这个就唯一标识这个程序,所以如果其他计算机上的网络程序,想要向此程序发送数据,那么就需要向这个数字(即端口)标识的程序发送即可。

一般情况下,在一台计算机上运行的网络程序有很多,为了不与其他的网络程序占用同一个端口号,往往在编程中,UDP 的端口号一般不绑定,但是如果需要做成一个服务器端的程序的话,是需要绑定的,想想看这又是为什么呢?

如果报警电话每天都在变,想必世界就会乱了,所以一般服务性的程序,往往需要一个固定的端口号,这就是所谓的端口绑定。

12.6.3 UDP 网络程序：发送、接收数据

(1)发送绑定示例

```python
import socket
def main():
    # 1. 创建一个 udp 套接字
    udp_socket = socket.socket(socket.AF_INET, socket.SOCK_DGRAM)
    udp_socket.bind(("", 7890)) # 2. 绑定本地信息
    while True:
        # 3. 从键盘获取数据
        send_data = input("请输入要发送的数据:")
        # 可以使用套接字收发数据
        udp_socket.sendto(send_data.encode("gbk"), ("192.168.31.132", 8080))
    # 4. 关闭套接字
    udp_socket.close()
if __name__ == "__main__":
    main()
```

(2)接收绑定示例

```python
import socket
def main():
    # 1. 创建套接字
    udp_socket = socket.socket(socket.AF_INET, socket.SOCK_DGRAM)
    # 2. 绑定一个本地信息
    localaddr = ("", 7788)
    udp_socket.bind(localaddr)  # 必须绑定自己计算机的 ip 以及 port,其他的不行
    # 3. 接收数据
    recv_data = udp_socket.recvfrom(1024)
    # recv_data 这个变量中存储的是一个元组(接收到的数据,(发送方的 ip, port))
```

```
    recv_msg = recv_data[0]   # 存储接收的数据
    send_addr = recv_data[1]   # 存储发送方的地址信息
    # 4．打印接收的数据
    # print(recv_data)
    # print("%s:%s" % (str(send_addr), recv_msg.decode("utf-8")))
    print("%s:%s" % (str(send_addr), recv_msg.decode("gbk")))
    print(recv_data[0].decode("gbk"))
    # 5．关闭套接字
    udp_socket.close()
if __name__ == "__main__":
    main()
```

运行结果如图12-12所示。

图12-12　接收绑定运行结果

循环接收数据：

```
import socket
def main():
    # 1．创建套接字
    udp_socket = socket.socket(socket.AF_INET, socket.SOCK_DGRAM)
    # 2．绑定一个本地信息
    localaddr = ("", 7788)
    udp_socket.bind(localaddr)   # 必须绑定自己计算机的 ip 以及 port,其他的不行
    # 3．接收数据
    while True:
        recv_data = udp_socket.recvfrom(1024)
        # recv_data 这个变量中存储的是一个元组(接收到的数据,(发送方的 ip, port))
        recv_msg = recv_data[0]   # 存储接收的数据
        send_addr = recv_data[1]   # 存储发送方的地址信息
        # 4．打印接收的数据
        # print(recv_data)
        # print("%s:%s" % (str(send_addr), recv_msg.decode("utf-8")))
```

```
        print("%s:%s" % (str(send_addr), recv_msg.decode("gbk")))
    # 5. 关闭套接字
    udp_socket.close()
if __name__ == "__main__":
    main()
```

12.7　UDP聊天器

①使用同一个套接字进行收发数据.py。

```
import socket
def main():
    # 创建一个udp套接字
    udp_socket = socket.socket(socket.AF_INET, socket.SOCK_DGRAM)
    # 获取对方的ip/port
    dest_ip = input("请输入对方的ip:")
    dest_port = int(input("请输入对方的port:"))
    # 从键盘获取数据
    send_data = input("请输入要发送的数据:")
    # 可以使用套接字收发数据
    udp_socket.sendto(send_data.encode("utf-8"), (dest_ip, dest_port))
    # 接收回送过来的数据
    recv_data = udp_socket.recvfrom(1024)
    # 套接字是一个可以同时 收发数据(像电话一样)
    print(recv_data)
    # 关闭套接字
    udp_socket.close()
if __name__ == "__main__":
    main()
```

②聊天程序.py。

```
# 1. 导入
import socket
def main():
    # 创建套接字
    udp_socket = socket.socket(socket.AF_INET, socket.SOCK_DGRAM)
    # 绑定信息
    udp_socket.bind(("", 7788))
    # 循环来进行处理事情
    while True:
        # 发送
        send_msg(udp_socket)
        # 接收并显示
        recv_msg(udp_socket)
```

```
if __name__ == "__main__":
    main()
```

完整代码如下：

```python
import socket
def send_msg(udp_socket):
    """发送消息"""
    # 获取要发送的内容
    dest_ip = input("请输入对方的 ip:")
    dest_port = int(input("请输入对方的 port:"))
    send_data = input("请输入要发送的消息:")
    udp_socket.sendto(send_data.encode("gbk"), (dest_ip, dest_port))
def recv_msg(udp_socket):
    """接收数据"""
    recv_data = udp_socket.recvfrom(1024)
    print("%s:%s" % (str(recv_data[1]), recv_data[0].decode("gbk")))
def main():
    # 创建套接字
    udp_socket = socket.socket(socket.AF_INET, socket.SOCK_DGRAM)
    # 绑定信息
    udp_socket.bind(("", 7788))
    # 循环来进行处理事情
    while True:
        # 发送
        send_msg(udp_socket)
        # 接收并显示
        recv_msg(udp_socket)
if __name__ == "__main__":
    main()
```

运行结果如图 12-13 所示。

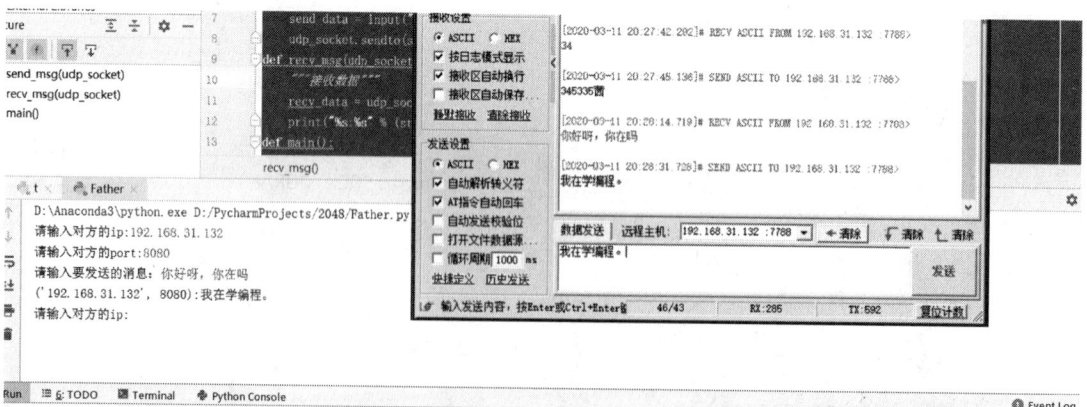

图 12-13　聊天程序

12.8　多线程UDP聊天器

编写一个有2个线程的程序,线程1用来接收数据然后显示,线程2用来检测键盘数据,然后通过UDP发送数据,数据交互结构如图12-14所示。

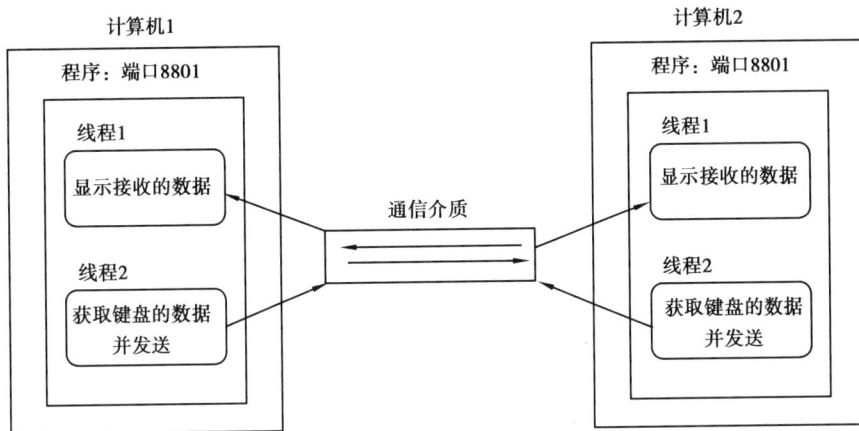

图 12-14　UDP的数据交互

参考代码:

```python
import socket
import threading
def recv_msg(udp_socket):
    """接收数据并显示"""
    # 接收数据
    while True:
        recv_data = udp_socket.recvfrom(1024)
        print(recv_data)
def send_msg(udp_socket, dest_ip, dest_port):
    """发送数据"""
    # 发送数据
    while True:
        send_data = input("输入要发送的数据:")
        udp_socket.sendto(send_data.encode("utf-8"),(dest_ip, dest_port))
def main():
    """完成udp聊天器的整体控制"""
    # 1. 创建套接字
    udp_socket = socket.socket(socket.AF_INET, socket.SOCK_DGRAM)
    # 2. 绑定本地信息
    udp_socket.bind(("", 7890))
    # 3. 获取对方的ip
    dest_ip = input("请输入对方的ip:")
```

```
    dest_port = int(input("请输入对方的 port:"))
    # 4. 创建2个线程,去执行相应的功能
    t_recv = threading.Thread(target=recv_msg, args=(udp_socket,))
     t_send  =  threading. Thread(target=send_msg,  args= (udp_socket,  dest_ip,
dest_port))
    t_recv.start()
    t_send.start()
if __name__ == "__main__":
    main()
```

小　结

　　本章主要介绍了在 Python 语言中进行网络编程的基础知识,如利用socket模块建立客户端与服务器(基于TCP协议与UDP协议)的网络通信、利用socketserver模块编写基本服务器程序。

习　题

一、简答题

1.请说出以下TCP/IP协议簇中FTP、SMTP、HTTP协议的作用。

2.IP地址和端口的作用是什么?

3.端口在TCP/IP协议中分为哪几类? 你知道TCP/IP协议簇中常用协议所使用的默认端口吗?

4.IP地址和端口的作用是什么?

5.什么是套接字? 其作用是什么?

二、实验题

　　编程实现使用通过套接字,分别使用TCP、UDP协议实现一个命令行下的聊天程序(模拟两人模式的)。

第13章

Python 访问 MySQL 数据库

学习目标

知识目标
掌握 Python 操作 MySQL 数据库。
能力目标
1.能使用 Python 操作 MySQL 数据库。
2.能封装代码增删改查操作类。
素质目标
1.具有知识迁移和继续学习的能力。
2.具有良好的职业道德和职业素养。

13.1 MySQL数据库

13.1.1 MySQL简介

MySQL是一个使用非常广泛的数据库,很多网站都在使用它。关于这个数据库有很多传说,例如维基百科上有这么一段:

MySQL原本是一个开放源代码的关系数据库管理系统,原开发者为瑞典的MySQLAB公司,该公司于2008年被太阳微系统公司(Sun Microsystems)收购。2009年,甲骨文公司(Oracle)收购太阳微系统公司,MySQL成为Oracle旗下产品。

MySQL性能高、成本低、可靠性好,已经成为最流行的开源数据库,被广泛地应用在Internet上的中小型网站中。随着MySQL的不断成熟,也逐渐被用于更多大规模的网站和应用,比如维基百科、Google和Facebook等网站。非常流行的开源软件组合LAMP中的"M"指的就是MySQL。

但在被甲骨文公司收购后,MySQL商业版的售价大幅调涨,且甲骨文公司不再支持另一个自由软件项目OpenSolaris的发展,因此导致自由软件社区们对于Oracle是否还会持续支持MySQL社区版(MySQL之中唯一的免费版本)有所隐忧,因此原先一些使用MySQL的开源软件已逐渐转向其他的数据库。

不管怎样,MySQL依然是一个不错的数据库选择,足够支持读者完成一个不小的网站。

13.1.2 使用Navicat管理MySQL

Navicat是一款桌面版MySQL管理工具,它和微软的SQLServer的管理器很像,简单易用。Navicat的优势在于使用图形化的用户界面,可以让用户管理更加轻松。

(1)建库建表命令

按照表13-1的字段建立用户表。

表13-1　news_users（用户表）

字段名称	含义	类型	约束	其他说明
uid	用户ID	Int	主键	自增
uname	用户账号	varchar(20)		
upwd	用户密码	varchar(20)		

创建用户表的语句如下:

```
create database myDB        //建库
create table news_users  //创建数据表
    (uid int AUTO_INCREMENT primary key,
    uname varchar(20) not null,
    upwd varchar(20) not null)
```

（2）对 news_users **进行增加操作**

语法：INSERT INTO 表名(字段名 1, 字段名 2, …) VALUES(值 1, 值 2, …);

示例：

```
insert into news_users(uname,upwd) values('admin','admin')
```

（3）**同时添加多条数据**

语法：INSERT INTO 表名[(字段名 1, 字段名 2, …)] VALUES(值 1, 值 2, …),(值 1, 值 2, …), …,(值 1, 值 2, …)

示例：

```
insert  into  news_users(uname, upwd)  values('admin', 'admin'), ('admin', 'admin'),
('admin','admin')
```

（4）对 news_users **进行删除**

语法：DELETE 表名 [WHERE 条件表达式]

示例：

```
DELETE FROM news_users WHERE uid=2
```

（5）对 news_users **进行修改**

更新数据是指对表中现存的数据进行修改。

语法：UPDATE 表名 SET 字段名 1=值 1,[,字段名 2=值 2,…] [WHERE 条件表达式]

示例：

```
Update news_users set uname='admin' ,upwd='1' where uid=1
```

（6）对 news_users **进行查询**

语法：SELECT 字段名 1, 字段名 2, … FROM 表名

示例：

```
select * from news_users
select * from news_users where uid=1
select * from news_users where uname='admin 'and upwd='1'
```

13.2　Python 操作 MySQL 数据库的流程

13.2.1　Python 操作 MySQL 数据库的流程

Python 操作 MySQL 数据库的流程如图 13-1 所示。

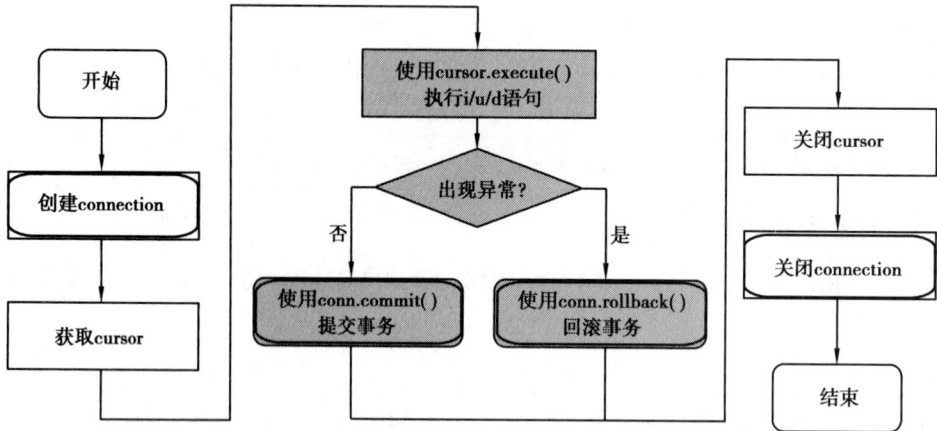

图 13-1　MySQL 数据库的流程

首先，依次创建 Connection 对象(数据库连接对象)用于打开数据库连接，然后创建 Cursor 对象(游标对象)用于执行查询和获取结果；其次，执行 SQL 语句对数据库进行增删改查等操作并提交事务，此过程如果出现异常则使用回滚技术，使数据库恢复到执行 SQL 语句之前的状态；最后，依次销毁 Cursor 对象和 Connection 对象。图 13-2 所示的是依次对 Connection 对象、Cursor 对象和事务等概念介绍。

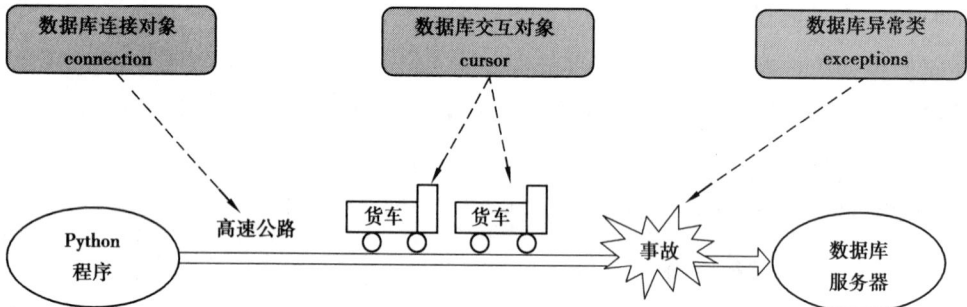

图 13-2　Connection 对象、Cursor 对象和事务概念

13.2.2　Connection 对象

在 Python 中可以使用 pymysql.connect() 方法创建 Connection 对象，该方法的常用参数见表 13-2。

```
Connection(host,user,passwd,db)
```

表 13-2　创建 Connection 常用参数

参数名	类型	说明
host	字符串	MySQL服务器地址
port	数字	MySQL服务器端口号
user	字符串	用户名
passwd	字符串	密码

续表

参数名	类型	说明
db	字符串	数据库名称
charset	字符串	连接编码

Connection对象支持的方法见表13-3。

表13-3 Connection对象支持的方法

方法名	说明
cursor()	使用该连接创建并返回游标
commit()	提交当前事务
rollback()	回滚当前事务
close()	关闭连接

说明:

①连接对象的db.cursor([cursorClass])方法返回一个指针对象,用于访问和操作数据库中的数据。

②连接对象的db.begin()方法用于开始一个事务,如果数据库的AUTOCOMMIT已经开启就关闭它,直到事务调用commit()和rollback()结束。

③连接对象的db.commit()和db.rollback()方法分别表示事务提交和回退。

④连接对象的db.close()方法可关闭数据库连接,并释放相关资源。

13.2.3 Cursor对象

Cursor对象即为游标对象,用于执行查询和获取结果,在Python中可以使用conn.cursor()创建,conn为Connection对象。Cursor对象常用的方法和属性见表13-4。

表13-4 Cursor对象常用的方法和属性

参数名	说明
execute(op[,args])	执行一个数据库查询命令
fetchone()	获取结果集的下一行
fetchmany(size)	获取结果集的下几行
fetchall()	获取结果集中剩下的所有行
rowcount	最近一次execute返回数据的行数或影响行数
close()	关闭游标对象

说明:

①指针对象的cursor.execute(query[,parameters])方法执行数据库查询。

②指针对象的cursor.fetchone()从查询结果集中返回下一行。

③指针对象的cursor.fetchmany([size=cursor.arraysize])从查询结果集中取出多行,可利用

可选的参数指定取出的行数。

④指针对象的 cursor.fetchall() 可取出指针结果集中的所有行,返回的结果集一个元组 (tuples)。

⑤指针对象的 cursor.arraysize 属性指定由 cursor.fetchmany() 方法返回行的数目,影响 fetchall() 的性能,默认值为1。

⑥指针对象的 cursor.rowcount 属性指出上次查询或更新所发生行数。-1表示还没开始查询或没有查询到数据。

⑦指针对象的 cursor.close() 方法关闭指针并释放相关资源。

execute() 方法和 fetch 类方法的工作原理如图 13-3、图 13-4 所示。

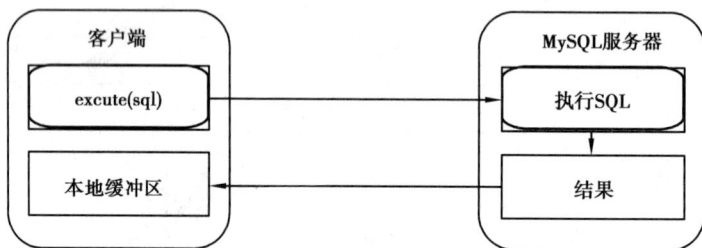

图 13-3　execute() 方法的工作原理

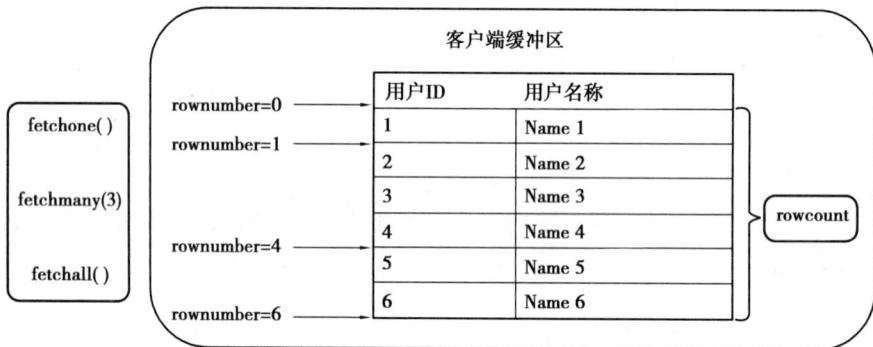

图 13-4　fetch 类方法的工作原理

13.2.4　事　务

事务是数据库理论中一个比较重要的概念,指访问和更新数据库的一个程序执行单元,具有 ACID 特性,即

①原子性(Atomic):事务中的各项操作要么全都做,要么全都不做,任何一项操作的失败都会导致整个事务的失败。

②一致性(Consistent):事务必须使数据库从一个一致性状态变到另一个一致性状态。

③隔离性(Isolated):并发执行的事务彼此无法看到对方的中间状态,一个事务的执行不能被其他事务干扰。

④持久性(Durable):事务一旦提交,它对数据库的改变就是永久性的,可以通过日志和同步备份在故障发生后重建数据。

在开发时，以下 3 种方式使用事务：

正常结束事务：conn.commit()；异常结束事务：conn.rollback()；关闭自动 commit 设置：conn.autocommit(False)。

13.3　Python 对 MySQL 数据库增删改查操作

在 Python 中操作 MySQL 数据库时，要使用的模块是 pymysql。pymysql 模块的安装命令：pip install pymysql。

(1)连接数据库

```python
import pymysql
# 1. 打开数据库连接
# 参数 1:MySQL 服务所在的主机 IP
# 参数 2:用户名
# 参数 3:密码
# 参数 4:要连接的数据库
conn = pymysql.connect('localhost', 'root', '123456', 'mynews1')
# 使用 cursor()方法创建一个游标对象
cursor = conn.cursor()
# 使用 execute()方法执行 SQL 查询
cursor.execute('SELECT VERSION()')
# 使用 fetchone()方法获取单条数据
data = cursor.fetchone()
# 打印
print('database version: %s' % data)
# 关闭数据库连接
conn.close()
```

(2)创建数据库

```python
import pymysql
# 打开数据库连接
conn = pymysql.connect('localhost', 'root', '123456', 'mynews1')
# 使用 cursor()方法创建一个游标对象 cursor
cursor = conn.cursor()  # 游标对象用于执行查询和获取结果
# 使用 execute()方法执行 SQL,如果表存在则将其删除
cursor.execute('DROP TABLE IF EXISTS good')
# 使用预处理语句创建表
sql = """create table good(uid int  AUTO_INCREMENT  primary key,uname varchar(20) not null,upwd varchar(20) not null)
"""
# 执行 SQL 语句
```

```
cursor.execute(sql)
# 关闭数据库连接
conn.close()
```

(3)数据库插入操作

```
import pymysql
# 打开数据库连接
conn = pymysql.connect('localhost', 'root', '123456', 'mynews1')
# 使用 cursor()方法获取操作游标
cursor = conn.cursor()
# SQL 语句:向数据表中插入数据
sql = """insert into news_users(uname,upwd)
        values('admin','admin')"""
# 异常处理
try:
    # 执行 SQL 语句
    cursor.execute(sql)
    # 提交事务到数据库执行
    conn.commit()   # 事务是访问和更新数据库的一个程序执行单元
except:
    # 如果发生错误则执行回滚操作
    conn.rollback()
# 关闭数据库连接
conn.close()
```

(4)数据库查询操作

```
import pymysql
'''
fetchone():获取下一查询结果集,结果是一个对象
fetchall:接收全部的返回结果行
rowcount:只读属性,返回 execute()方法影响的行数
'''
# 打开数据库连接
conn = pymysql.connect('localhost', 'root', '123456', 'mynews1')
# 使用 cursor()方法获取操作游标
cursor = conn.cursor()
# SQL 语句:查询
sql = "SELECT * FROM news_users WHERE uid >3"
# 异常处理
try:
    # 执行 SQL 语句
```

```
    cursor.execute(sql)
    # 获取所有的记录列表
    results = cursor.fetchall()
    print("id\tname\tpwd")
    # 遍历列表
    for row in results:
        # 打印列表元素
        #print(row)
        # uid
        uid = row[0]
        #uname
        uname = row[1]
        # 名
        upwd = row[2]
        # 打印列表元素
        print("%s\t%s\t%s" % (uid,uname,upwd))
except:
    print('Uable to fetch data!')
# 关闭数据库连接
conn.close()
```

(5) 数据库更新操作

```
import pymysql
# 打开数据库连接
conn = pymysql.connect('localhost', 'root', '123456', 'mynews1')
# 使用 cursor()方法获取操作游标
cursor = conn.cursor()
# SQL 语句,执行更新操作
sql ="update  news_users set uname='admin' ,upwd='1' where  uid=1"
# 异常处理
try:
    # 执行 SQL 语句
    cursor.execute(sql)
    # 提交到数据库执行
    conn.commit()
except:
    # 发生错误时回滚
    conn.rollback()
# 关闭数据库连接
conn.close()
```

(6)数据库删除操作

```
import pymysql
# 打开数据库连接
conn = pymysql.connect('localhost', 'root', '123456', 'mynews1')
# 使用cursor()方法获取操作游标
cursor = conn.cursor()
# SQL语句,执行删除操作
sql = 'DELETE FROM news_users  WHERE uid=1'
# 异常处理
try:
    # 执行SQL语句
    cursor.execute(sql)
    conn.commit()  # 提交到数据库执行
except:
    # 发生错误时回滚
    conn.rollback()
    conn.close()  # 关闭数据库连接
```

13.4　封装代码增删改查操作

封装,所有的代码都差不多。

```
#-*-coding:gbk-*-
import pymysql
class dbHelper():
    def __init__(self,host,user,password,dbName):
        self.host = host
        self.user = user
        self.password = password
        self.dbName = dbName
    # 建立连接
    def connect(self):
        # 打开数据库连接
        self.db = pymysql.connect(self.host,self.user,self.password,self.dbName)
        # 使用cursor()方法获取操作游标
        self.cursor = self.db.cursor()
    # 关闭连接
    def close(self):
        # 关闭cursor
        self.cursor.close()
        # 关闭连接
```

```
            self.db.close()
    # 查询:返回一条:传一个SQL语句
def get_one(self,sql):
    res = None
    try:
        #得到连接
        self.connect()
        # 执行传入的SQL语句
        self.cursor.execute(sql)
        #
        res =self.cursor.fetchone()
        self.close()
    except:
        print('查询失败')
    return  res
    # 查询所有:传一个SQL语句
    def get_all(self, sql):
        res = ()
        try:
        # 得到连接
        self.connect()
        # 执行传入的SQL语句
        self.cursor.execute(sql)
        #
        res = self.cursor.fetchall()
        self.close()
    except:
        print('查询失败')
    return res
    # 增删改都是一样的,通过类的私有方法实现
    def insert(self,sql):
        return self.__edit(sql)
    def update(self,sql):
        return self.__edit(sql)
    def delete(self,sql):
        return self.__edit(sql)
    def __edit(self,sql):
        count =0
        try:
        # 得到连接
        self.connect()
        # 执行传入的SQL语句
        count = self.cursor.execute(sql)
```

```
        #提交事务
        self.db.commit()
        self.close()
    except:
        print('事务提交失败')
        # 回滚
        self.db.rollback()
    return count
```

测试查询：

```
#-*-coding:gbk-*-
from dbHelper import dbHelper
#建立连接
dbconn=dbHelper('localhost', 'root', '123456', 'mynews1')
# SQL 语句:查询
sql = "SELECT * FROM news_users WHERE uid >3"
results=dbconn.get_all(sql)
#打印
print("id\tname\tpwd")
# 遍历列表
for row in results:
    # 打印列表元素
    # print(row)
    # uid
    uid = row[0]
    # uname
    uname = row[1]
    # 名
    upwd = row[2]
    # 打印列表元素
    print("%s\t%s\t%s" % (uid, uname, upwd))
```

测试增删改：

```
#-*-coding:gbk-*-
from dbHelper import dbHelper
#建立连接
dbconn=dbHelper('localhost', 'root', '123456', 'mynews1')
# SQL 语句:
sql = """insert into news_users(uname,upwd)
        values('admin1','admin1')"""
count = dbconn.insert(sql)
if count >0:
    print('增加成功')
```

小　结

  MySQL 是一种小型的 SQL 数据库,具有稳定、安全、检索速度快等优点。事务是数据库理论中一个比较重要的概念,是指访问和更新数据库的一个程序执行单元,具有 ACID 特性。

  Python 操作 MySQL 数据库的流程。

习　题

  1. 简述 Python 操作 MySQL 数据库流程。

  2. 简述 Connection 对象的概念。

  3. 简述 Cursor 对象的概念。

  4. 简述事务的特性。

第14章

Python实战案例——贪吃蛇

学习目标

知识目标

1. 了解 Pygame 。

2. 能使用 Pygame 创建图形窗口。

3. 进行项目搭建。

能力目标

能独立完成贪吃蛇游戏的代码编写。

素质目标

1. 了解软件开发思想、游戏设计思路。

2. 培养学生动手、探索能力。

14.1　Pygame入门

14.1.1　Pygame简介

Pygame是跨平台Python模块(图14-1),专为电子游戏设计,包含图像和声音。建立在SDL基础上,允许实时电子游戏研发而无须被低级语言(如机器语言和汇编语言)束缚。

图14-1　Pygame官网图标

安装Pygame命令:pip install pygame
验证安装命令:python -m pygame.examples.aliens

14.1.2　使用Pygame创建图形窗口

(1)游戏的初始化和退出

Pygame游戏开发流程共由3个步骤组成,如图14-2所示。

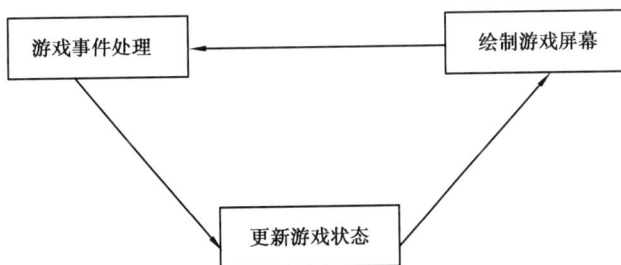

图14-2　Pygame游戏开发流程

游戏事件处理,包括控制键盘输入、移动判断边界等,通过 pygame. event.get()检测是否有事件产生。

要使用Pygame提供的所有功能之前,需要调用init方法,在游戏结束前需要调用quit方法。功能说明见表14-1。

表14-1　init方法和quit方法功能说明

方法	说明
pygame.init( )	导入并初始化所有pygame模块,使用其他模块之前,必须先调用init方法
pygame.quit( )	卸载所有pygame模块,在游戏结束之前调用,必须先调用

代码如下:

```
import pygame

pygame.init()

# 编写游戏的代码
print("游戏的代码...")

pygame.quit()
```

Pygame常用事件、描述及参数见表14-2。

表14-2　Pygame常用事件

事件	描述	参数
QUIT	用户按下关闭按钮	none
ACTIVEEVENT	Pygame被激活或者隐藏	gain, state
KEYDOWN	键被按下	unicode, key,mod
KEYUP	键被放开	key,mod
MOUSEMOTION	鼠标移动	pos,rel, buttons
MOUSEBUTTONDOWN	鼠标键按下	pos, button
MOUSEBUTTONUP	鼠标键放开	pos ,button
JOYBUTTONDOWN	游戏手柄按下	joy, button
JOYBUTTONUP	游戏手柄放开	joy, button
VIDEORESIZE	Pygame窗口缩放	size, w,h
USEREVENT	触发了一个用户事件	code

(2)理解游戏中的坐标系

• 坐标系如图14-3所示。

• 原点在左上角 (0, 0)。

• x轴水平方向向右,逐渐增加。

• y轴垂直方向向下,逐渐增加。

在游戏中,所有可见的元素都是以矩形区域来描述位置的。要描述一个矩形区域有4个要素:(x, y)(width, height)。

pygame 专门提供了一个类 pygame.Rect 用于描述矩形区域。python Rect(x, y, width, height)->Rect ,如图14-4所示。

提示:pygame.Rect 是一个比较特殊的类,内部只是封装了一些数字计算,不执行 pygame.init() 方法同样能够直接使用。

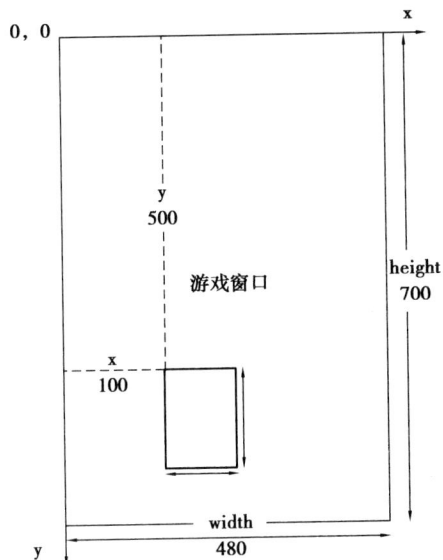

图 14-3 游戏中的坐标

pygame.Rect
x, y,
left, top, bottom, right,
center, centerx, centery,
size, width, height

图 14-4 矩形区域来描述位置

14.1.3 案例演练

需求:

①定义 snake_head 矩形描述蛇头的位置和大小。

②输出蛇头的坐标原点(x 和 y)。

③输出蛇头的尺寸(宽度 和 高度)。

```
#-*-coding:gbk-*-
import pygame
snake_head = pygame.Rect(100, 500, 10, 10)
print("坐标原点 %d %d" % (snake_head.x, snake_head.y))
print("蛇头大小 %d %d" % (snake_head.width, snake_head.height))
print('%d %d ' % snake_head.size)
```

size属性会返回矩形区域的(宽,高)元组。

```
print('%d %d ' % snake_head.size)
```

227

14.2 项目框架搭建

14.2.1 初始框架建立游戏主窗口

Pygame 专门提供了一个模块 pygame.display 用于创建、管理游戏窗口，pygame.display 方法及使用说明见表14-3。其作用是创建游戏显示窗口。

表14-3　pygame.display方法使用

方法	说明
pygame.display.set_mode( )	初始化游戏显示窗口
pygame.display.update( )	刷新屏幕内容显示，稍后使用

代码如下：

```
set_mode()方法:
python set_mode(resolution=(0,0), flags=0, depth=0)
```

参数：

①resolution：指定屏幕的宽和高，默认创建的窗口大小和屏幕大小一致。

②flags：指定屏幕的附加选项，例如是否全屏等，默认不需要传递。

③depth：表示颜色的位数，默认自动匹配。

④返回值：暂时可以理解为游戏的屏幕，游戏的元素都需要被绘制到游戏的屏幕上。

注意：必须使用变量记录set_mode方法的返回结果。因为后续所有的图像绘制都基于这个返回结果。

```
import pygame
pygame.init()
#   窗口的宽和高
W = 800
H = 600
size =(W,H)
# 和显示相关的使用display 创建Windows 对象
windows = pygame.display.set_mode(size)
# 设置标题
pygame.display.set_caption('简单贪吃蛇')
pygame.quit()
```

14.2.2 简单的游戏循环

为了做到游戏程序启动后，不会立即退出，通常会在游戏程序中增加一个游戏循环，所谓游戏循环一般为一个无限循环，在创建游戏窗口代码下方，增加一个无限循环。

注意:游戏窗口不需要重复创建。

```python
import pygame
pygame.init()
#  窗口的宽和高
W = 800
H = 600
size =(W,H)
# 和显示相关的使用display 创建Windows 对象
windows = pygame.display.set_mode(size)
# 设置 标题
pygame.display.set_caption('简单贪吃蛇')
# 定义是否退出
quit = True
#1.解决:一闪而过:Pygame 自上而下执行
# 使用while 解决问题
while quit:
    #2.解决卡死问题
    # 游戏退出事件
    events = pygame.event.get()   # 获取事件
    for event in events:   # 遍历所有的事件
        print(event)   # 当退出时,显示QUIT
        if event.type == pygame.QUIT:   # 如果点了退出
            quit = False
#退出
pygame.quit()
```

14.2.3 游戏时钟

Pygame专门提供了一个类pygame.time.Clock,可以非常方便地设置屏幕绘制速度(刷新帧率),要使用时钟对象需要两步:

①在游戏初始化后,创建一个时钟对象。

②在游戏循环中让时钟对象调用tick(帧率)方法,tick方法会根据上次被调用的时间,自动设置游戏循环中的延时。

```python
import pygame
pygame.init()
#  窗口的宽和高
# 宽
W = 800
# 高
H = 600
size = (W, H)
# 和显示相关的使用display 创建windows 对象
windows = pygame.display.set_mode(size)
```

```
# 设置标题
pygame.display.set_caption('简单贪吃蛇')
# 定义是否退出
quit = True
# 游戏时间钟
clock = pygame.time.Clock()
# 1. 解决:一闪而过:Pygame 自上而下执行
# 使用 while 解决问题
while quit:
    # 2. 解决卡死问题
    # 游戏退出事件
    events = pygame.event.get()  # 获取事件
    for event in events:  # 遍历所有的事件
        print(event)  # 当退出时,显示 QUIT
        if event.type == pygame.QUIT:  # 如果点了退出
        quit = False
    # 渲染:画出来
    pygame.display.flip() #将整个 display 的 surface 对象更新到屏幕上
    # 设置帧数
    clock.tick(20)
# 退出
pygame.quit()
```

14.2.4　更改背景颜色

```
import pygame
pygame.init()
#  窗口的宽和高
W = 800
H = 600
size = (W, H)
# 和显示相关的使用 display 创建 Windows 对象
windows = pygame.display.set_mode(size)
# 设置标题
pygame.display.set_caption('简单贪吃蛇')
# 定义是否退出
quit = True
# 游戏时间钟
clock = pygame.time.Clock()
# 1. 解决:一闪而过:Pygame 自上而下执行
# 使用 while 解决问题
while quit:
    # 2. 解决卡死问题
    # 游戏退出事件
```

```
    events = pygame.event.get()  # 获取事件
    for event in events:  # 遍历所有的事件
        print(event)  # 当退出时,显示 QUIT
        if event.type == pygame.QUIT:  # 如果点了退出
            quit = False
    # 渲染:画出来
    # 渲染:画出来
    # (向哪里画,画什么颜色,(位置:你们那开始,w,h))
    #颜色——RGB
    #red=(255,0,0)
    #white=(255,255,255)
    #black=(0,0,0)
    pygame.draw.rect(windows,(255,255,255),(0,0,W,H))
    pygame.display.flip()
    # 设置帧数
    clock.tick(20)
# 退出
pygame.quit()
```

14.3　绘制场景

14.3.1　绘制场景

设计样式如图 14-5 所示。

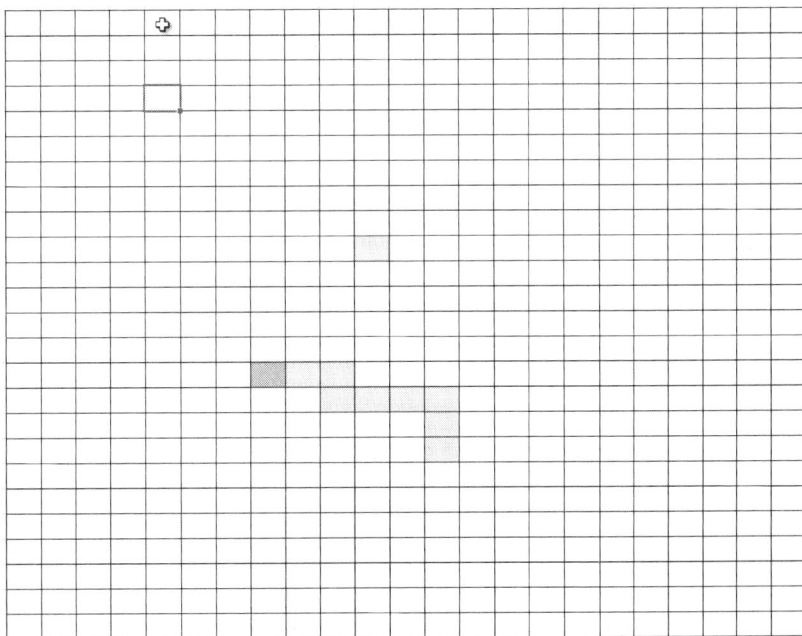

图 14-5　画格子

231

设计的宽度是800、高度是600,假如有 Row = 30,Col= 40,那么每行有20,每列也有20,把格子用 pygame.draw.line()函数画出来。

使用方法:line(Surface, color, start_pos, end_pos, width=1) -> Rect

说明:在 Surface 对象上绘制一条线段,两端以方形结束。

```python
import pygame
pygame.init()
# 窗口的宽和高
# 宽
W = 800
# 高
H = 600
size = (W, H)
# 和显示相关的使用 display 创建 Windows 对象
windows = pygame.display.set_mode(size)
# 设置标题
pygame.display.set_caption('简单贪吃蛇')
# 定义是否退出
quit = True
# 游戏时间钟
clock = pygame.time.Clock()
# 1.解决:一闪而过:Pygame 自上而下执行
# 使用 while 解决问题
while quit:
    # 2.解决卡死问题
    # 游戏退出事件
    events = pygame.event.get()  # 获取事件
    for event in events:  # 遍历所有的事件
        print(event)  # 当退出时,显示 QUIT
        if event.type == pygame.QUIT:  # 如果点了退出
        quit = False
    # 渲染:画出来
    # 渲染:画出来
    # (向哪里画,画什么颜色,(位置:你们那开始,w,h))
    #颜色——RGB
    #red=(255,0,0)
    #white=(255,255,255)
    #black=(0,0,0)
    #pygame.draw.rect(windows,(255,255,255),(0,0,W,H))
    windows.fill((255,255,255))  # 将界面设置为蓝色
    for x in range(0, W, 20):
        pygame.draw.line(windows,(0,0,255),(x,0),(x,600),1)
    for y in range(0, H, 20):
        pygame.draw.line(windows,(0,0,255),(0,y),(800,y),1)
    pygame.display.update()  # 必须调用 update 才能看到绘图显示
    pygame.display.flip()
```

```
   # 设置帧数
   clock.tick(20)
# 退出
pygame.quit()
```

14.3.2 绘制蛇头和食物

蛇头是1,身子是3,吃的是2,贪吃蛇原理如图14-6所示。

```
0 0 0 3 0 0 0 0
0 1 3 3 0 0 0 0
0 0 0 0 2 0 0 0
0 0 0 0 0 0 0 0
0 0 0 0 0 0 0 0
```

图14-6　贪吃蛇原理图

首先定义一个点:初始为0行0列。

```
# 定义点, 行和列
class Point():
    row = 0
    col = 0
    def __init__(self,row ,col):
        self.row = row
        self.col = col
```

程序所画的示意图,如图14-7所示。

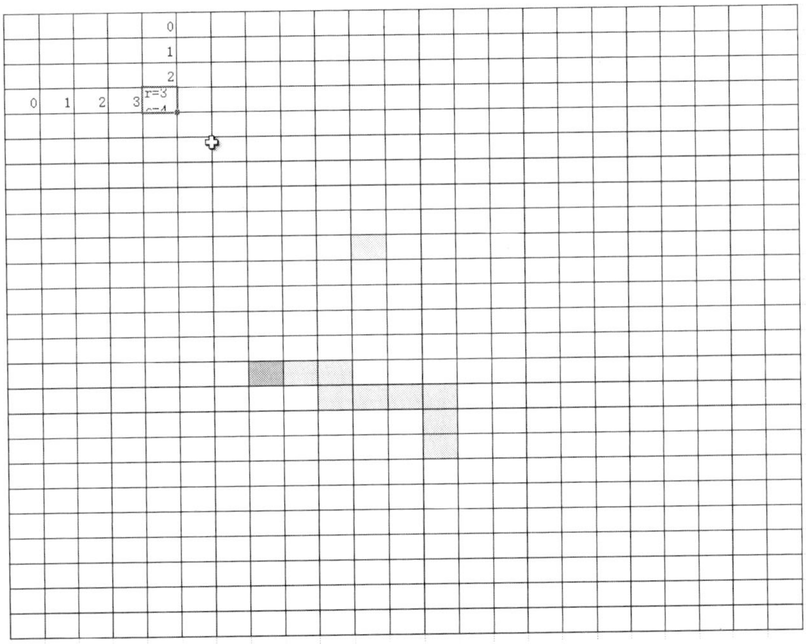

图14-7　程序画图的示意图

当列等于4时,那么左边有四个格,方块的左边=所在的列*每列有多宽,即 Left = col*width,当行等于3时,那么到上面的距离就是3,方块上面所在的行*每行有多宽 Top = row*height,想每个都是格子,所以需定义一个类 rect,专门画格子,在循环上面定义一个方法。

```python
# 定义点, 行和列
class Point():
    row = 0
    col = 0
    def __init__(self,row ,col):
        self.row = row
        self.col = col


import pygame
pygame.init()
# 窗口的宽和高
W = 800
H = 600
# 初始设定有行和列
ROW = 30
COL = 40
size = (W, H)


# 和显示相关的使用 display 创建 Windows 对象
windows = pygame.display.set_mode(size)
# 设置 标题
pygame.display.set_caption('简单贪吃蛇')


# 定义一个画格子的方法
def rect(poit,color):
    # 每列的宽度
    cel_width = W/COL
    # 每列的高度
    cel_height =H/ROW
    #这个格子左边是:这个点的列*每列的宽度(总宽度/总共多少列)
    left= poit.col*cel_width
    # 这个格子上面是:所在的行的宽度*每行的宽度(总高度/总行数)
    top = poit.row*cel_height

    # 画格子
    pygame.draw.rect(
        windows,#在哪里画
    color,# 颜色
    (left,top,cel_width,cel_height)
```

```python
# 定义是否退出
quit = True
# 游戏时间钟
clock = pygame.time.Clock()
# 1.解决:一闪而过:Pygame 自上而下执行,
# 使用 while 解决问题
while quit:
    # 2.解决卡死问题
    # 游戏退出事件
    events = pygame.event.get()  # 获取事件
    for event in events:  # 遍历所有的事件
        print(event)  # 当退出时,显示 QUIT
        if event.type == pygame.QUIT:  # 如果点了退出
            quit = False
    windows.fill((255,255,255))  # 将界面设置为蓝色
    for x in range(0,W,20):
        pygame.draw.line(windows, (0,0,255), (x,0), (x,600),1)
    for y in range(0,H,20):
        pygame.draw.line(windows, (0,0,255), (0,y), (800,y),1)
    pygame.display.update()  # 必须调用 update 才能看到绘图显示
    pygame.display.flip()

    # 设置帧数
    clock.tick(20)
# 退出
pygame.quit()
```

绘制蛇头和食物的代码如下:

```python
# 定义点,行和列
class Point():
    row = 0
    col = 0
    def __init__(self,row ,col):
        self.row = row
        self.col = col


import pygame
pygame.init()
# 窗口的宽和高
W = 800
H = 600
# 初始设定有行和列
ROW = 30
```

```python
COL = 40
size = (W, H)
# 和显示相关的使用display 创建Windows 对象
windows = pygame.display.set_mode(size)
pygame.display.set_caption('简单贪吃蛇')
# 定义蛇头:在中间
head = Point(row=int(ROW/2),col=int(COL/2))
# 头的颜色 浅蓝色
head_color = (0,128,128)
# 定义食物:在第二行三列
foot =Point(row=2,col=3)
# 食物的颜色:红色
foot_color = (255,0,0)
# 定义一个画格子的方法
def rect(poit,color):
    # 每列的宽度
    cel_width = W/COL
    # 每列的高度
    cel_height =H/ROW
    #这个格子左边是:这个点的列*每列的宽度(总宽度/总共多少列)
    left= poit.col*cel_width
    # 这个格子上面是:所在行的宽度*每行的宽度(总高度/总行数)
    top = poit.row*cel_height

    # 画格子
    pygame.draw.rect(
        windows,#在哪里画
        color,# 颜色
        (left,top,cel_width,cel_height)

# 定义是否退出
quit = True
# 游戏时间钟
clock = pygame.time.Clock()
# 1. 解决:一闪而过:Pygame 自上而下执行
# 使用while 解决问题
while quit:
    # 2.解决卡死问题
    # 游戏退出事件
    events = pygame.event.get()  # 获取事件
    for event in events:  # 遍历所有的事件
        print(event)  # 当退出时,显示QUIT
        if event.type == pygame.QUIT:  # 如果点了退出
```

```
            quit = False
    windows.fill((255, 255, 255))  # 将界面设置为蓝色
    for x in range(0, W, 20):
        pygame.draw.line(windows,(0,0,255),(x,0), (x,600),1)
    for y in range(0, H, 20):
        pygame.draw.line(windows,(0,0,255),(0,y), (800,y),1)
    pygame.display.update()  # 必须调用 update 才能看到绘图显示

    # 画蛇头
    rect(head, head_color)
    # 画食物
    rect(foot, foot_color)
    pygame.display.flip()
    # 设置帧数
    clock.tick(20)
# 退出
pygame.quit()
```

14.4 移动蛇头

　　在玩家操作的过程中,发现后一个格跟着前一个格走,蛇头跟着键盘的方向键的控制走,吃的过程食物跟蛇头重合了,就一口吃掉,后面又加一个格,每一帧沿着玩家控制的方向走一格,如图14-8所示。

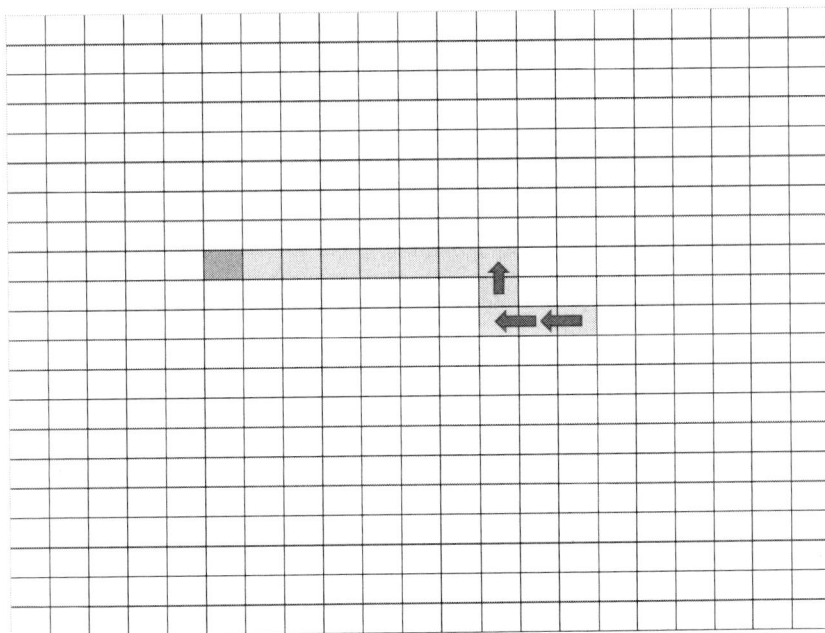

图14-8　蛇身体跟随蛇头走的原理

向左移动:Row:不动,Col减1,向左移动一格。

向右移动:Row:不动,Col加1,向右移动一格。

定义direct(移动方向)。

```
#蛇移动的默认是左
direct = 'left' # left ,right ,up ,down
# 定义一个格子
def rect(poit,color):
```

在while quit中增加画蛇头和画食物的事件代码。

```
# 画蛇头
rect(head, head_color)
# 画食物
rect(foot, foot_color)
# 移动事件
if direct == 'left':
    head.col -= 1
elif direct == 'right':
    head.col += 1
elif direct == 'up':
    head.row -= 1
elif direct == 'down':
    head.row += 1
pygame.display.flip()
```

发现可以移动了,接下来使用键盘移动。

```
while quit:
    # 游戏退出事件
    events = pygame.event.get()  # 获得的事件
    for event in events:  # 遍历所有的事件
        #print(event)  # 当退出来时,显示QUIT
        if event.type == pygame.QUIT:  # 如果点了退出
            quit = False
        elif event.type == pygame.KEYDOWN:
            # 测试按上下左右的key值
            #print(event)
            if event.key == 273:
                direct = 'up'
            elif event.key == 274:
```

```
            direct = 'down'
    elif event.key == 276:
            direct = 'left'
    elif event.key == 275:
            direct = 'right'
```

当按下键盘时看一下key是多少？

14.5　绘制蛇的身子

身子移动时，后一格跟前着前一格走，如图14-9所示。

图14-9　身子移动原理图

假如向左移动一格，如图14-10所示。

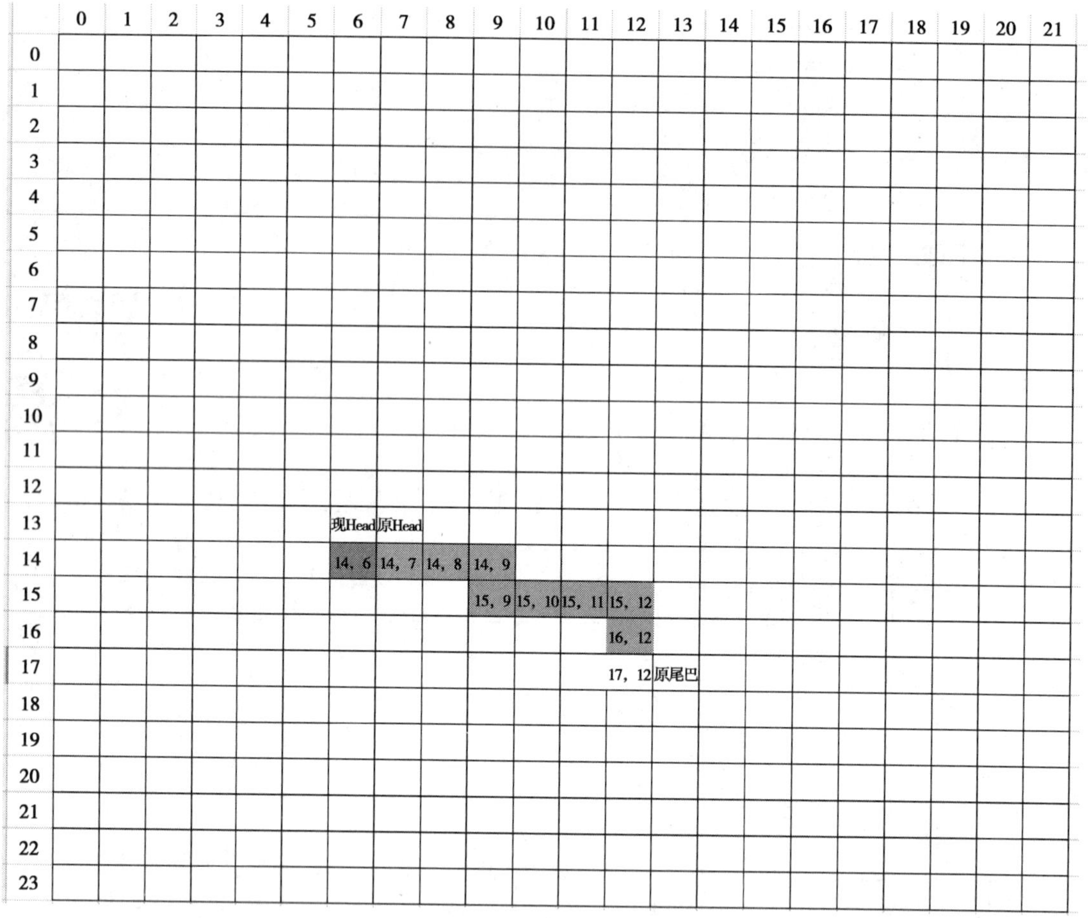

	0	1	2	3	4	5	6	7	8	9	10	11	12	13	14	15	16	17	18	19	20	21
0																						
1																						
2																						
3																						
4																						
5																						
6																						
7																						
8																						
9																						
10																						
11																						
12																						
13							现Head	原Head														
14							14, 6	14, 7	14, 8	14, 9												
15										15, 9	15, 10	15, 11	15, 12									
16													16, 12									
17													17, 12 原尾巴									
18																						
19																						
20																						
21																						
22																						
23																						

图 14-10 左移动一格示意图

蛇身信息使用列表存储,如蛇头从14.7到14.6,身子的最后一个(17.12)消失。

原来的蛇身子:

```
head=(14,7)
l=[
    (14,8)
    (14,9)
    (15,9)
    (15,10)
    (15,11)
    (15,12)
    (16,12)
    (17,12)
]
```

移动后:把原来的头插到前面,再把原来的尾删掉。

```
head'=(14,6)
l'=[
    (14,7)        <-原来的头
    (14,8)
    (14,9)
    (15,9)
    (15,10)
    (15,11)
    (15,12)
    (16,12)
    del (17,12)        <-原来的尾
]
```

先移动身子,再移动头,在定义坐标那里定义一个列表。

```
# 食物的颜色:红色
foot_color = (255,0,0)
#定义蛇身子的列表
snakes=[]
#蛇移动的默认是左
direct = 'left' # left ,right ,up ,down
```

注意:每次移动时,先不要移动蛇头,先要处理蛇身子,因为留着原来的蛇头位置要使用,为了方便,先定义一个point类,定义一个新的方法。

```
# 定义点, 行和列
class Point():
    row = 0
    col = 0
    def __init__(self,row ,col):
        self.row = row
        self.col = col
    # 定义一个COPY对象
    def copy(self):
        return Point(row=self.row, col=self.col)
import pygame
```

在移动事件中,添加处理身子的代码:

```
for event in events:  # 遍历所有的事件
    #print(event)  # 当退出时,显示QUIT
    if event.type == pygame.QUIT:  # 如果点了退出
        quit = False
    elif event.type == pygame.KEYDOWN:
```

```
        # 测试按上下左右的 key 值
        #print(event)
        if event.key == 273:
            direct = 'up'
        elif event.key == 274:
            direct = 'down'
        elif event.key == 276:
            direct = 'left'
        elif event.key == 275:
            direct = 'right'
# 处理身子
# 1. 把原来的头插入 snakes 的头的前面
#    在第一个位置插入,head 一会儿就变了,
#    所以插入变化前的列表,就是复制的列表
snakes.insert(0, head.copy())
# 2. 把 snakes 的最后一个删除
snakes.pop()
# 渲染:画出来
# (向哪里画,画什么颜色,(位置:你们那开始,w,h))
#颜色——RGB
#red=(255,0,0)
#white=(255,255,255)
#black=(0,0,0)
pygame.draw.rect(windows,(255,255,255),(0,0,W,H))
```

测试没有效果,原因就是身子没有东西,吃到食物后才能有身子,默认有三节身子。

```
#定义蛇身子的列表
snakes = [
    #身子与蛇头在同一行,列在右边多一列
    Point(row=head.row,col=head.col+1),
    Point(row=head.row,col=head.col+2),
    Point(row=head.row,col=head.col+3)
]
```

接下来绘制蛇的身子。

```
pygame.draw.rect(windows,(255,255,255),(0,0,W,H))
# 画蛇的身子 :因为是个列表,是个循环:灰色的
for snake in snakes:
    rect(snake, (200, 200, 200))
# 画蛇头
rect(head, head_color)
# 画食物
rect(foot, foot_color)
```

```
# 移动事件
if direct == 'left':
```

14.6　实现蛇吃食物

需求：食物随机产生，食物被吃，蛇的位置和食物重合，先实现第一个，随机产生，先定义一个随机函数。

```
import random
```

修改食物的位置：

```
#食物
foot = Point(row = random.randint(0,ROW-1) ,col = random.randint(0,COL-1))
```

接下来，蛇吃东西，如果头的行和食物的行相等，且头的列和食物的列相等。

```
for event in events:   # 遍历所有的事件
    #print(event)   # 当退出时,显示 QUIT
    if event.type == pygame.QUIT:   # 如果点了退出
        quit = False
    elif event.type == pygame.KEYDOWN:
        # 测试按上下左右的 key 值
        #print(event)
        if event.key == 273:
            direct = 'up'
        elif event.key == 274:
            direct = 'down'
        elif event.key == 276:
            direct = 'left'
        elif event.key == 275:
            direct = 'right'
# 如果头的行和食物的行相等,且头的列和食物的列相等
# 蛇要增加一个格子
eat = False
if head.row == foot.row and head.col == foot.col:
    eat = True
# 重新产生食物
if eat:
    foot = Point(row=random.randint(0, ROW - 1), col=random.randint(0, COL - 1))
# 处理身子
# 1. 把原来的头插入 snakes 的头的前面
#    在第一个位置插入,head 一会儿就变了,
#    所以插入变化前的列表,就是我复制的列表
snakes.insert(0, head.copy())
```

```
# 2. 把 snakes 的最后一个删除
## 没吃到东西再删除
if not eat:
    snakes.pop()
pygame.draw.rect(windows,(255,255,255),(0,0,W,H))
```

完整代码:

```
# 定义点，行和列
class Point():
    row = 0
    col = 0
    def __init__(self,row ,col):
        self.row = row
        self.col = col
    # 定义一个 COPY 对象
    def copy(self):
        return Point(row=self.row, col=self.col)
import pygame
import random
pygame.init()
#  窗口的宽和高
# 宽
W = 800
# 高
H = 600
# 初始设定有行和列
ROW = 30
COL = 40
size = (W, H)


# 和显示相关的使用 display 创建 Windows  对象
windows = pygame.display.set_mode(size)
# 设置 标题
pygame.display.set_caption('简单贪吃蛇')

# 定义蛇头:在中间
head = Point(row=int(ROW/2),col=int(COL/2))
# 头的颜色 浅蓝色
head_color = (0,128,128)
# 定义食物:在第二行三列
foot = Point(row = random.randint(0,ROW-1) ,col = random.randint(0,COL-1))
# 食物的颜色:红色
foot_color = (255,0,0)
```

```python
#定义蛇身子的列表
snakes = [
    #身子跟蛇头在同一行,列在右边多一列
    Point(row=head.row,col=head.col+1),
    Point(row=head.row,col=head.col+2),
    Point(row=head.row,col=head.col+3)
]
#蛇移动的默认是左
direct = 'left' # left ,right ,up ,down


# 定义一个画格子的方法
def rect(poit,color):
    # 每列的宽度
    cel_width = W/COL
    # 每列的高度
    cel_height =H/ROW
    #这个格子左边是:这个点的列*每列的宽度(总宽度/总共多少列)
    left= poit.col*cel_width
    # 这个格子上面是:所在行的宽度*每行的宽度(总高度/总行数)
    top = poit.row*cel_height

    # 画格子
    pygame.draw.rect(
        windows,#在哪里画
        color,# 颜色
        (left,top,cel_width,cel_height)


# 定义是否退出
quit = True


# 游戏时间钟
clock = pygame.time.Clock()


# 1.解决:一闪而过:Pygame 自上而下执行,
# 使用 while 解决问题
while quit:
    # 2.解决卡死问题
    # 游戏退出事件
    events = pygame.event.get()  # 获取事件

    for event in events:  # 遍历所有的事件
        #print(event)  # 当退出来时,显示QUIT
```

```
            if event.type == pygame.QUIT:   # 如果点了退出
                quit = False
            elif event.type == pygame.KEYDOWN:
                # 测试按上下左右的 key 值
                #print(event)
                    if event.key == 273:
                        direct = 'up'
                    elif event.key == 274:
                        direct = 'down'
                    elif event.key == 276:
                        direct = 'left'
                    elif event.key == 275:
                        direct = 'right'
# 吃东西
# 如果头的行和食物的行相等,且头的列和食物的列相等
# 蛇要增加一个格子
eat = False
if head.row == foot.row and head.col == foot.col:
    eat = True
# 重新产生食物
if eat:
    # 产生新的食物
    foot = Point(row=random.randint(0, ROW - 1), col=random.randint(0, COL - 1))


# 渲染:画出来
# (向哪里画,画什么颜色,(位置:你们那开始,w,h))
#颜色——RGB
#red=(255,0,0)
#white=(255,255,255)
#black=(0,0,0)
#pygame.draw.rect(windows,(255,255,255),(0,0,W,H))

windows.fill((255, 255, 255))   # 将界面设置为蓝色
for x in range(0, W, 20):
    pygame.draw.line(windows, (0, 0, 255), (x, 0), (x, 600), 1)
for y in range(0, H, 20):
    pygame.draw.line(windows, (0, 0, 255), (0, y), (800, y), 1)


pygame.display.update()   # 必须调用 update 才能看到绘图显示
# 处理身子
# 1. 把原来的头插入 snakes 的头的前面
#    在第一个位置插入,head 一会儿就变了,
#    所以插入变化前的列表,就是复制的列表
```

```
        snakes.insert(0, head.copy())
        # 2. 把 snakes 的最后一个删除
        # # 没吃到东西再删除
        if not eat:
            snakes.pop()


        # 画蛇的身子 :因为是个列表,是个循环:灰色的
        for snake in snakes:
            rect(snake, (200, 200, 200))


        # 画蛇头
        rect(head, head_color)
        # 画食物
        rect(foot, foot_color)
        # 移动事件
        if direct == 'left':
            head.col -= 1
        elif direct == 'right':
            head.col += 1
        elif direct == 'up':
            head.row -= 1
        elif direct == 'down':
            head.row += 1


        pygame.display.flip()


        # 设置帧数
        clock.tick(5)


# 退出
pygame.quit()
```

14.7　检测游戏结束

需求:如果蛇撞到自己或撞到墙时,游戏就结束了。因此,需要检测是否撞了自己或撞了墙。

(1)撞墙检测

如果列小于0或者行也小于0了,即 Head.col<0 or head.row < 0

(2)撞自己

移动时的问题:从左可以直接向左移,这样是不行的。

```
for event in events:  # 遍历所有的事件
    #print(event)  # 当退出时,显示 QUIT
    if event.type == pygame.QUIT:  # 如果点了退出
        quit = False
    elif event.type == pygame.KEYDOWN:
        # 测试按上下左右的 key 值
        #print(event)
    if event.key == 273:
            if direct == 'left' or direct == 'right':
                direct = 'up'
        elif event.key == 274:
            if direct == 'left' or direct == 'right':
                direct = 'down'
         elif event.key == 276:
            if direct == 'up' or direct == 'down':
                direct = 'left'
            elif event.key == 275:
                if direct == 'up' or direct == 'down':
                    direct = 'right'
```

(3)游戏结束检测

```
elif direct == 'down':
        head.row += 1
    # 检测
    dead = False # 默认没有死
    # 1. 撞墙
    # 如果头的列和行小于0  ,或者大于总列数,大于总行数,说明死了
    if head.col < 0 or head.row < 0 or head.col >= COL or head.row >= ROW:
        dead = True
    # 2. 撞自己
    for snake in snakes:
        # 头的列等于身子的列,头的行等于身子的行
        if head.col == snake.col and head.row == snake.row:
            dead = True
            break
        if dead:
            print('游戏结束')
            quit = False
    pygame.display.flip()
    # 设置帧数
    clock.tick(20)
pygame.quit()
```

248

小　结

本章节围绕着面向对象的编程思想，从游戏简介、项目准备、游戏框架搭建、游戏功能实现等方面详细介绍了使用 Python 第三方库 Pygame 开发贪吃蛇游戏的流程和方法。

习　题

编程题
开发一个属于自己的贪吃蛇小游戏。

第15章

使用 Tornado 完成签到系统

学习目标

知识目标

1. 了解 Tornado。

2. 理解 Tornado 操作 MySQL 数据。

能力目标

1. 理解签到系统的实现思路。

2. 能够独立完成签到系统的代码编写。

素质目标

1. 具有团队协作精神。

2. 具有开发 B/S 模式的思维。

15.1　Tornado 简介

Tornado 是使用 Python 编写的一个强大的、可扩展的 Web 服务器。它在处理高网络流量时表现得足够强健,但却在创建和编写时又足够轻量级,并能够被用在大量的应用和工具中。Tornado 作为 FriendFeed 网站的基础框架,于 2009 年 9 月 10 日发布,目前已经获得了很多社区的支持,并且在一系列不同的场合中得到应用。除 FriendFeed 和 Facebook 外,还有很多公司在生产上转向 Tornado,包括 Quora、Turntable.fm、Bit.ly、Hipmunk 及 MyYearbook 等。

相对于其他 Python 网络框架,Tornado 有如下特点。

①完备的 Web 框架:与 Django、Flask 等一样,Tornado 也提供了 URL 路由映射、Request 上下文、基于模板的页面渲染技术等开发 Web 应用的必备工具。

②它是一个高效的网络库,性能与 Twisted、Gevent 等底层 Python 框架相媲美,提供了异步 IO 支持、超时事件处理。这使得 Tornado 除了可以作为 Web 应用服务器框架,还可以用来做爬虫应用、物联网关、游戏服务器等后台应用。

③提供高效 HTTPClient:除了服务器端框架,Tornado 还提供了基于异步框架的 HTTP 客户端。

④提供高效的内部 HTTP 服务器:虽然其他 Python 网络框架(Django、Flask)也提供了内部 HTTP 服务器,但它们的 HTTP 服务器由于性能原因只能用于测试环境。而 Tornado 的 HTTP 服务器与 Tornado 异步调用紧密结合,可以直接用于生产环境。

⑤完备的 WebSocket 支持:WebSocket 是 HTML 5 的一种新标准,实现了浏览器与服务器之间的双向实时通信。

因为 Tornado 的上述特点,所以 Tornado 常被用作大型站点的接口服务框架,而不像 Django 那样着眼于建立完整的大型网站。本章通过实例来讲解 Tornado 的异步及协程编程、身份认证框架、独特的非 wSGI 部署方式。

15.2　案例教学——在线签到系统

二维码签到,是电子签到的一种,在会议签到中应用越来越多。系统具备信息储存量大、安全性能高等优点,能够支持多种字符的信息编码,是目前首选的应用广泛的电子签到。二维码由签到通系统自动生成,参会人员可使用微信扫描二维码凭证进行签到,省去了排队填写签到信息、身份验证、翻找查询等过程,节约了会议时间。本章采用 Python 的 Tornado 框架开发一个基于二维码的签到系统。

15.2.1　案例简介

用户扫描二维码,跳转到一个用户签到页面,如图 15-1 所示。用户签到页面,用户填入正确信息,即可将签到信息存储到文件或者数据库,如图 15-2 所示。

251

图 15-1　签到二维码

图 15-2　签到系统界面

后台可以查询用户的签到结果，如图 15-3 所示。

ID	姓名	学号	地点	签到时间	操作
22	高祖彦	1811030501	实训楼508	2020-04-08 09:52:06	删除
23	王小明	1811030502	1号教学楼702	2020-04-08 09:57:13	删除
24	张小华	1811030503	实训楼508	2020-04-08 10:44:55	删除
1	小明	1811030501	教学楼501	2019-07-01	删除
1	小明	1811030501	教学楼501	2019-07-01	删除
1	小明	1811030501	教学楼501	2019-07-01	删除

上一页　1　2　3　下一页　尾页

图 15-3　用户签到结果

15.2.2　Tornado 的第一个网页

Tornado 已经被配置到 PyPI 网站中，使得 Tornado 的安装非常简单，在 Windows 和 Linux 中都可以通过一条 pip 命令完成安装。

```
# pip install tornado
```

该条命令可以运行在操作系统中或 Python 虚环境中。Tornado 安装完成：

```
(venv) E:\MySign> pip install tornado
Collecting tornado
    Using cached https://files.pythonhosted.org/packages/8e/ea/f7f8913dfb5eb5b9152
```

```
28a5ba44de8335fccb1fa38fb56b596d6dfd98290/tornado-6.0.4-cp36-cp36m-win_amd_64.whl
Installing collected packages: tornado
Successfully installed tornado-6.0.4
```

新建一个项目：sign，在项目中添加一个Python文件sign_app.py。

```python
# 导入 tornado 的 3 个类
from tornado import web, httpserver, ioloop
# 找到处理模块
# RequestHandler:封装对请求处理的所有信息和处理方法
class MainPageHandler(web.RequestHandler):
    # 添加一个处理 get 请求方式的方法,还有 POST 方法
    def get(self):
        # 向响应中添加数据
        self.write('好看的皮囊千篇一律,有趣的灵魂万里挑一。')
# 创建应用程序
application = web.Application([(r'/',MainPageHandler),])
# 应用程序入口
if __name__ == '__main__':
    # socket 服务器 首先从这里执行
    http_server = httpserver.HTTPServer(application)
    # 绑定一个监听端口
    http_server.listen(8080)
    # 启动 web 程序,开始监听端口的连接
    ioloop.IOLoop.current().start()
```

新建一个index.html。

```html
<!DOCTYPE html>
<html lang="en">
<head>
    <meta charset="UTF-8">
    <title>Title</title>
</head>
<body>
    <h1 style="color: red">我们既然改变不了规则,那就做到最好</h1>
</body>
</html>
```

修改 MainPageHandler。

```python
class MainPageHandler(web.RequestHandler):
    # 添加一个处理 get 请求方式的方法,还有 POST 方法
    def get(self):
        # 向响应中添加数据
        #self.write('好看的皮囊千篇一律,有趣的灵魂万里挑一。')
        self.render('index.html')  # 返回网址
```

253

在浏览器地址栏中输入"http://127.0.0.1:8080/"，运行后的界面，如图15-4所示。

图15-4　http://127.0.0.1:8080/打开界面

还可以显示图片，在html文档代码中添加一个img标签。

```
<h1 style="color: red">我们既然改变不了规则,那就做到最好</h1>
显示图片:<img src="https://www.baidu.com/img/bd_logo1.png" width="160" height="
100">
```

运行结果，如图15-5所示。

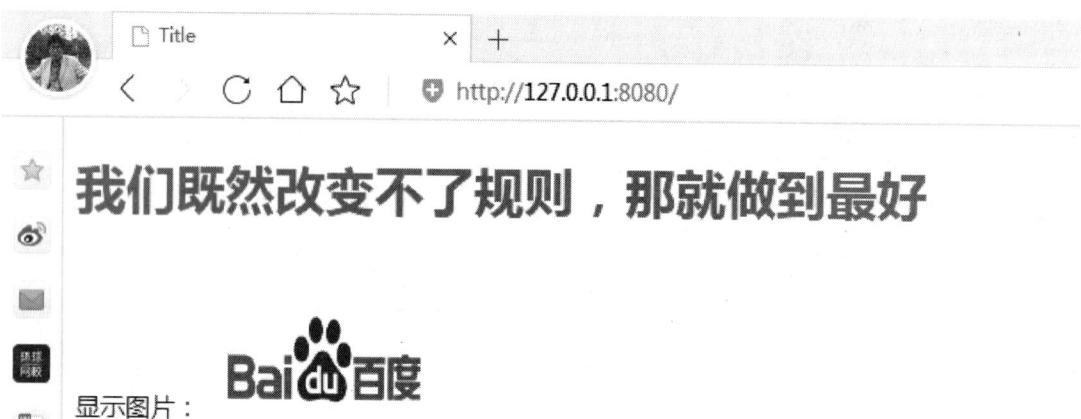

图15-5　运行结果

15.2.3　使用Python处理二维码

二维码（QR Code码），是由日本Denso公司于1994年9月研制的一种矩阵二维码符号，它具有一维条码及其他二维条码所具有的信息容量大、可靠性高、可表示汉字及图像多种文字信息、保密防伪性强等优点。

新建一个create_code.py。

```
import qrcode  # 导入模块
import io
# 传一个字符串  生成一个二维码 使用第三方库
def get_code_by_str(text):
    if not isinstance(text, str):
        print('请输入字符串参数')
```

```
        return None
    qr = qrcode.QRCode(
        version=1,
        error_correction=qrcode.constants.ERROR_CORRECT_L,
        box_size=10,
        border=4,

    qr.add_data(text)
    qr.make(fit=True)
    img = qr.make_image()
    img_data = io.BytesIO()
    img.save(img_data)
    return img_data
    # print(img_data.getvalue())
# get_code_by_str('aadsaf')
```

在 siag_app.py 建立一个应用。

```
from create_code import get_code_by_str
class CodePageHandler(web.RequestHandler):
    """二维码处理类"""
    def get(self):
        # 可以传网址，可以文字
        img_handler = get_code_by_str('欢迎学习 Python')
        # 将数据 返回到页面
        self.write(img_handler.getvalue())
# 创建应用程序
application = web.Application([
    (r'/',MainPageHandler),
    (r'/code',CodePageHandler),
])
```

在 terminal(终端)先安装：pip install qrcode
修改 index.html。

```
<h1 style="color: red">欢迎到恩施职学院学习 Python</h1>
显示图片：<img src="/code" >
```

测试结果如图15-6所示。

图15-6　运行后得到二维码

如果想扫描后连接到一个网站,直接修改 img_handler=get_code_by_str('恩施职院欢迎你！')里面的内容即可。

```
img_handler = get_code_by_str('http://www.baidu.com')
```

这样一扫描就可以打开"http://www.baidu.com"的页面。

15.2.4　基于本地Python签到功能实现

导入外面的html界面:

①建立一个static文件夹。

②如果想显示签到界面还需要再建一个签到界面。

```
class SignPageHandler(web.RequestHandler):
    '''签到界面'''
    def get(self):
        self.render("login.html")
# 创建应用程序
application = web.Application([
    (r'/',MainPageHandler),
    (r'/code',CodePageHandler),
    (r"/sign", SignPageHandler),
])
```

运行以后,样式没有了,如何使用样式?

在sign_app.py中进行修改:

```
application = web.Application([
    (r'/',MainPageHandler),
    (r'/code',CodePageHandler),
    (r"/sign", SignPageHandler),],
    # 静态文件 #import os.path
static_path=os.path.join(os.path.dirname(__file__), "static"),
```

修改 login.html。

```
<link rel="stylesheet" href="{{static_url('css/pintuer.css') }}">
<link rel="stylesheet" href="{{static_url('css/admin.css')}}">
<script src="{{static_url('js/jquery.js')}}"></script>
<script src="{{static_url('js/pintuer.js')}}"></script>
```

修改 SignPageHandler。

```
class SignPageHandler(web.RequestHandler):
    '''签到界面'''
    def get(self):
        self.render("login.html")
    # 使用post 接收数据
    def post(self):
        name = self.get_argument('name')
        xh = self.get_argument('xh')
        dd = self.get_argument('dd')
        print(name,xh,dd)
```

保存到 csv。

```
#保存到本地的 sign.csv 文件   a 追加 编码格式
sign_file=open('sign.csv','a',encoding='utf-8')
sign_file.write('%s,%s,%s,%s\n' % ('姓名', '学号', '地点','签到时间'))
```

修改 SignPageHandler。

```
# 获得当前时间
from datetime import datetime
class SignPageHandler(web.RequestHandler):
    '''签到界面'''
    def get(self):
        self.render("login.html")
    # 使用post 接收数据
    def post(self):
        name = self.get_argument('name')
        xh = self.get_argument('xh')
        dd = self.get_argument('dd')
        date  =datetime.now().strftime('%Y-%m-%d %H:%M:%S')
        # 保存到本地
        if name and xh and dd:
            sign_file.write('%s,%s,%s,%s\n' % (name,xh,dd,date))
            sign_file.flush()
            self.write('<script language="javascript">alert("签到成功")</script>')
        else:
            self.write('请填写完整的信息')
```

15.2.5 基于数据库的签到系统

①在MySQL中建立一个数据库和一个表，如图15-7所示。

图15-7　MySQL中建立一个数据库

②建立通用的dbHelper.py。

```python
import pymysql
class dbHelper():
    def __init__(self,host,user,password,dbName):
        self.host = host
        self.user = user
        self.password = password
        self.dbName = dbName
    # 建立连接
    def connect(self):
        # 打开数据库连接
        self.db = pymysql.connect(self.host,self.user,self.password,self.dbName)
        # 使用cursor()方法获取操作游标
        self.cursor = self.db.cursor()
    # 关闭连接
    def close(self):
        # 关闭cursor
        self.cursor.close()
        # 关闭连接
        self.db.close()
    # 查询所有:传一个SQL语句
    def get_all(self, sql):
        res = ()
        try:
            # 得到连接
            self.connect()
            # 执行传入的SQL语句
            self.cursor.execute(sql)
```

```
                        #查询所有
                        res = self.cursor.fetchall()
                        self.close()
                except:
                    print('查询失败')
                return res
        def insert(self,sql):
            count =0
            try:
                # 得到连接
                self.connect()
                # 执行传入的 SQL 语句
                count = self.cursor.execute(sql)
                #提交事务
                self.db.commit()
                self.close()
            except:
                print('事务提交失败')
                # 回滚
                self.db.rollback()
            return count
```

③在SignPageHandler中完善SQL语句。

```
class SignPageHandler(web.RequestHandler):
    '''签到界面'''
    def get(self):
        self.render("login.html")
    # 使用 post 接收数据
    def post(self):
        name = self.get_argument('name')
        xh = self.get_argument('xh')
        dd = self.get_argument('dd')
        date =datetime.now().strftime('%Y-%m-%d %H:%M:%S')
        # 保存到数据库
        from dbHelper import dbHelper
        # 建立连接
        dbconn = dbHelper('localhost', 'root', '123456', 'sign')
        # SQL 语句:
        sql = "insert into sign (name, xh, dd, time) VALUES ('{0}', '{1}','{2}',
'{3}')".format(name,xh,dd,date)
        count = dbconn.insert(sql)
        if count > 0:
        self.write('签到成功')
```

④新建 list.html。

```
<link rel="stylesheet" href="{{static_url('css/pintuer.css') }}">
<link rel="stylesheet" href="{{static_url('css/admin.css') }}">
<script src="{{static_url('js/jquery.js') }}"></script>
<script src="{{static_url('js/pintuer.js') }}"></script>
```

⑤创建 sign_app.py。

```
class ListnPageHandler(web.RequestHandler):
    '''显示签到结果界面'''
    def get(self):
        from dbHelper import dbHelper
        # 建立连接
        dbconn = dbHelper('localhost', 'root', '123456', 'sign')
        # SQL 语句:查询
        sql = "SELECT * FROM sign"
        results = dbconn.get_all(sql)
        # 将结果传到前面的界面
        self.render("list.html",results=results)
# 创建应用程序
application = web.Application([
    (r'/',MainPageHandler),
    (r'/code',CodePageHandler),
    (r"/sign", SignPageHandler),
    (r'/list',ListnPageHandler),
],
    # 静态文件 #import os.path
    static_path=os.path.join(os.path.dirname(__file__), "static"),
```

⑥修改 list.html 文件。

```
{% for item in results %}
<tr>
    <td><input type="checkbox" name="id[]" value="1" />
        {{ item[0] }}</td>
    <td>{{ item[1] }}</td>
    <td>{{ item[2] }}</td>
    <td>{{ item[3] }}</td>
    <td>{{ item[4] }}</td>
    <td><div class="button-group"><a class="button border-red" href="javascript:
void(0)" onclick="return del(1)"><span class="icon-trash-o"></span>删除</a></div>
</td>
</tr>
{%end%}
```

小　结

本章主要介绍了Tornado框架的特点及适用场景,Tornado的安装方法。尝试开发第一个网页,使用Tornado连接到MySQL,并操作数据表数据,以完成签到系统。

习　题

1.试对比Django、Flask、Tornado。

2.上网查找资料,采用Python语言,基于Tornado框架开发,利用Dlib库中68特征点检测器和深度残差网络模型、欧氏距离、目标跟踪方法实现人脸识别,采用MySQL数据库记录系统相关数据,并用Bootstrap框架进行页面美化。最后完成的系统可以适用于具有带摄像头的联网设备的教学场所。

参考文献

[1] 王霞,王书芹,郭小荟,等.Python程序设计(思政版)[M].北京:清华大学出版社,2021.

[2] 黑马程序员.Python快速编程入门[M].2版.北京:人民邮电出版社,2021.

[3] 周胜,鄢军霞.Python基础教程[M].北京:电子工业出版社,2019.

[4] 董付国.Python可以这样学[M].北京:清华大学出版社,2017.

[5] 刘宇宙.Python 3.5从零开始学[M].北京:清华大学出版社,2017.

[6] WARREN S, CARTER S.父与子的编程之旅:与小卡特一起学Python[M].苏金国,易郑超,译.北京:人民邮电出版社,2014.